3D 打印基础教程与设计

主 编：贾迎新 杨粤瀚 侯 毅
副主编：刘青云 田 芳 缪亚东
参 编：芦 欣

北京工业大学出版社

图书在版编目（CIP）数据

3D 打印基础教程与设计 / 贾迎新，杨粤瀚，侯毅主编 . — 北京 : 北京工业大学出版社，2017.11
ISBN 978-7-5639-5748-4

Ⅰ . ① 3… Ⅱ . ①贾… ②杨… ③侯… Ⅲ . ①立体印刷－印刷术 Ⅳ . ① TS853

中国版本图书馆 CIP 数据核字 (2017) 第 285420 号

3D 打印基础教程与设计

主　　编：贾迎新　杨粤瀚　侯毅
责任编辑：张慧蓉
封面设计：精准互动
出版发行：北京工业大学出版社
　　　　　（北京市朝阳区平乐园 100 号　邮编：100124）
　　　　　010-67391722（传真）　　bgdcbs@sina.com
出 版 人：郝勇
经销单位：全国各地新华书店
承印单位：北京朗翔印刷有限公司
开　　本：787 毫米 ×1092 毫米　　1/16
印　　张：16
字　　数：240 千字
版　　次：2017 年 11 月第 1 版
印　　次：2018 年 5 月第 2 次印刷
标准书号：ISBN 978-7-5639-5748-4
定　　价：45.00 元

作者简介

第一主编：贾迎新（1986年4月生，女，河北人。毕业于河北工业大学（211工程），现任北京商鲲三维创想科技有限公司教研主任，3D打印教材研发带头人。编著有《3D打印基础教程》、《中小学3D打印教程》、《3D打印笔系列教程》等，主要探索领域：3D打印特色课程、主题课件及教案、3D打印人才培养方案、3D打印教学体系标准等。

第二主编：杨粤瀚（1994年7月生，男，河北人。毕业于华北理工大学，曾特别参训于中国3D打印创新中心，并获得了中国3D打印技术专业技能证书。现任北京商鲲三维创想科技有限公司高级技术讲师。年轻有为，幽默风趣，有自己独特的课堂风格，参与编写：3Done、Geomagic Studio、ZBrush、Magics等软件教程。

第三主编：侯毅（1985年5月生，男，北京人。毕业于北京联合大学，曾在德企担任高级技术工程师一职，是最早一批接触3D打印技术的工程师，是3D打印之家的创始人，深入3D打印行业近5年时间，对3D打印技术及其应用有自身独到的理解和认识。现任北京商鲲三维创想科技有限公司经理。

第一副主编：刘青云，大学本科，机械制造及其自动化专业，从事加工技术教育教学三十余年，有较深的加工技术理论与操作基础，主要兴趣方向为3D打印教育教学，3D打印技术在职业教育中的应用，3D打印新技术的研发等。

第二副主编：田芳，硕士研究生，机械制造及其自动化专业，现从事中职3D打印教学，有较深的制造技术理论基础，主要兴趣方向是3D打印教学，3D打印新技术的开发，3D打印技术的推广应用等。

第三副主编：缪亚东，硕士研究生，生药学专业，从事高校教育十余年，有较深的生物医药基础，主要兴趣方向是3D生物打印，3D打印在生物医药方面的应用，3D打印生物材料等。

参编：芦欣，女，内蒙古工业大学计算机应用技术专业，硕士研究生，现就职于南通理工学院，计算机专业教师，2015 年获 3D 打印专业证书，研究方向：计算机软件应用技术和 3D 打印模型处理。

序

　　我们认知的世界是连续的系统，但是我们测量结果是离散的，求精确很难，求近似却相对容易。在我国的古代（公元464年），祖冲之用圆内接正多边形的周长来逼近圆周长，将圆周率推算至小数点后7位（3.1415926与3.1415927之间）。现在，我们可以利用计算机"离散地"处理、计算、安排、存储、调拨、配置，用"离散"近似值相当精确地逼近"连续"真值。从"离散"的观点看世界，仿佛是由无数分离、近似的"点"构成，即朦胧，又逼真，是一种独特的美感。

　　上世纪90年代初，我给清华大学的博士生上课时，就提出"离散－堆积"的观点，这就是快速原型，也就是增材制造（3D打印）的原理。"离散"是物理模型的数字化建模的过程，"堆积"是将数字化模型（已切片）逐点逐层叠加起来，从而实现从二维薄层到三维实体的过程。1994年，我和清华大学团队研发出我国第一台商品化的3D打印设备（分层实体制造技术）；1998年，我们团队又研发出我国第一台FDM（熔融沉积成形）的3D打印设备；从一个细胞看世界，我想到了生物制造的创意，2003年，我们又研制我国第一台低温沉积生物制造的3D打印设备；到今天，江苏永年研制的激光金属3D打印设备已批量产业化；"离散－堆积"的理论对3D打印技术的发展仍具有指导意义。

　　3D打印无疑是当前最流行的新兴产业技术之一，它被美国自然科学基金会称为20世纪最重要的制造技术创新。它的出现，带来了很多革命性的变革，成为各国竞争的战略高地。近几年，中国3D打印行业也获得了迅猛发展，但与世界上发达国家相比，仍有差距，尤其是在产业化应用领域。追根溯源，应用为主，教育先行，3D打印技术要从高等院校科研教育走向职业技术教育和中小学校科普教育是势在必行的。

　　我欣喜地看到，本书作者从3D打印技术的三生三世入手（由来、现状和将来），深入浅出地介绍3D打印技术的独特工艺，将3D建模、逆向工程和设计心理学融会贯通，再结合 3D 打印的行业应用循循善诱、娓娓道来，颇有新意。该书尚未包含 3D 打印全部技术和最新成果，但瑕不掩瑜，对于初学者，仍是受教匪浅，有所裨益，不啻为职业教育培训的实用的、优秀的书籍。

　　大时代需要大变革，大变革孕育大机遇。3D 打印技术正在重塑全球制造业竞争格局，让我们汇聚磅礴力量，为实现"制造强国"的中国梦而努力奋斗。

颜永年

清华大学机械系机械工作研究所所长

中国机械工程学会特种加工分会 终身高级顾问

中国机械工程学会 终身高级顾问

SCI 源刊 "Journal of Eng-Manufacturing"（英国）编委

清华老科技工作者协会 理事

中国 3D 打印第一人

江苏永年激光成形技术有限公司 董事长

前　言

　　本人自 1987 年赴 3D 打印技术中选区激光粉末烧结工艺（SLS）的发源地——美国德克萨斯大学奥斯汀分校（University of Texas at Austin）读博开始，便与 3D 打印结缘。1991 年获得材料科学与工程博士学位，专攻 3D 打印研究。1993 年主持研发了中国首台工业级 3D 打印样机，并命名为快速成型机，申报了国家名词认定，次年通过了北京市科委组织的专家鉴定，获得发明专利；1994 年共同合资创立了北京隆源自动成型系统有限公司，是国内最早专业从事工业级 3D 打印的高新技术企业。

　　3D 打印从 20 世纪 80 年代发展到今天，其技术工艺、材料、软件等均经历了逐步的演变与发展。技术工艺方面，主要涵盖了立体光刻（SL）、热熔解积压成型（FDM）、选区激光烧结（SLS）、三维打印（3DP）、选区激光融化成型（SLM）、激光熔覆成型（LMD）等；材料方面，主要涵盖了树脂、石膏、蜡粉、聚苯乙烯、覆膜砂、尼龙、陶瓷、水泥等非金属材料，不锈钢、高温合金、钛合金、模具钢、铝合金等金属材料，人造骨粉、细胞生物原料，糖、巧克力等食品材料；应用软件方面，目前主要为各类三维模型设计软件和切片软件。

　　随着技术自身的发展，3D 打印的应用领域也在不断拓展。目前已在工业设计、模具制造、机械制造、航空航天、文化艺术、军事、建筑、影视、家电、轻工、医学、考古、教育等领域都得到了广泛应用。3D 打印技术正在快速改变着人类的传统生产、生活乃至思维方式。

　　事实上，3D 打印因其可实现复杂形状制造、数字化零件库存、按需制造、即刻制造、分布式制造、大批定制及提升资源利用效率等优势正在吸引全世界的目光，入行企业快速增加，技术开发投入也在不断加大。据 Wohlers 报告统计，2016 年全球 3D 打印产值达 60.63 亿美元，并预计 2020 年将增至 212 亿美元，发展迅猛。

　　作为一名已浸润 3D 打印行业三十年的"老兵"，我认为应理性地看待 3D 打印的发展。它并不是神器，仍有很多需要改进之处；更不是泡沫，应该引起多方关注。作为智能制造的核心技术之一，3D 打印相较传统制造来说是一个有效的补充工具。如果改变规则、要求和目标，将 3D 打印与传统制造结合、增量发展、优势互补，找准市场需求，真正将其应用并产业化，3D 打印将带来设计、制造的新纪元。3D 打印要实现突破性发展，不仅要靠技术的进步，更需要一批有 3D 打印思维的人才。3D 打印思维是在第三次工业革命和中国制造 2025 的环境中，在 3D 打印技术和应用不断发展的背景下，对产品设计、研发、制造、销售、物流、维修，乃至企业价值链进行重新审视的思考方式。其包括关于突破传统设计限制的自由设计思维，关于其核心竞争力的大批定制思维，关于产品交付速度及供给侧革新的即刻制造思维，关于产品及市场定位的集成部件思维，关于创新兼容的技术补充思维，关于需求拉动市场和技术发展的需求激活思维，关于商业模式和组织形态的平台服务思维，关于产业边界及创新的协同创新思维。

此外，随着 3D 打印产业规模的扩展，其对 3D 打印技术与应用专业人才的需求也日益旺盛。加之 3D 打印技术涉及了机械、材料、光电等众多学科，其技术特点也决定了对综合性人才的特殊性需求。同时，随着 3D 打印从象牙塔里的高科技发展成为融入学校、家庭和社会教育常态的技术，我们希望也能够通过 3D 打印创新教育，开启教育新理论和新实践，培育更多 3D 打印的创新力量。虽然近年来我国开始提倡创新教育，但仍处于摸索阶段，多数都忽视了最能体现青少年"创新"素养的动手实践能力的培养，造成了"手脑失衡"的现状。教育学家陶行知曾提出："手脑双全是创造教育的目的，中国教育革命的对策是使手脑联盟。"

本书的编写，即为满足 3D 打印人才培养的需求，顺应创新教育大势，由 3D 打印的起源与发展开篇，引导读者步入 3D 打印的殿堂，再通过对 3D 打印技术与工艺、三维模型设计软件、逆向工程及设计心理学的深入浅出的讲解，理论配以丰富案例，并结合实践中常见的问题及解决方案，在生动轻松的学习氛围中带领读者畅游 3D 打印海洋。本书既可作为 3D 打印的培训教材，也适合对 3D 打印技术有兴趣的在校学生或相关专业工程技术人员阅读。相信通过对本书的学习，也会有助于更多具有 3D 打印思维人才的涌现。

北京三帝打印科技有限公司董事长兼 CEO

深圳七号科技有限公司董事长

中国粉末冶金技术创新战略联盟 3D 打印专业技术委员会主任

深圳市科协委员

目　录

第一章 3D 打印的起源与发展

1.1 3D 打印的三生三世

1.1.1 3D 打印的前生

3D 打印技术最早称为快速成型技术或快速原型制造技术，诞生于 20 世纪 80 年代后期。从 20 世纪 80 年代到今天，3D 打印技术走过了一条漫长的发展之路。

1984 年，CharlesW.Hull 发明了将数字资源打印成三维立体模型的技术，1986 年，ChuckHull 发明了立体光刻工艺，利用紫外线照射将树脂凝固成形，制造物体，并获得了专利。随后他离开了原来工作的 UVP（UltraVioletProducts）开始成立 3DSystems 公司，专注发展 3D 打印技术，1988 年，3DSystems 开始生产第一台 3D 打印机 SLA-250，体型非常庞大。

图 1-1 3D 打印之父 ChuckHull

1988 年，ScottCrump 发明了另外一种 3D 打印技术——热熔解积压成形 (FDM)，利用蜡、ABS、PC、尼龙等热塑性材料来制作物体，随后成立了一家名为 Stratasys 的公司。

1989 年，C．R．Dechard 博士发明了选区激光烧结技术 (SLS)，利用高强度激光将尼龙、蜡、ABS、金属和陶瓷等材料粉来烧结，直至成型。

1993 年，麻省理工大学教授 EmanuaISachs 创造三维打印技术 (3DP)，将金属、陶瓷的粉末通过粘接剂粘结成型。1995 年，麻省理工大学 JimBredt 和

TimAnderson 修改了喷墨打印机方案，变为把约束溶剂挤压到粉末床，而不是把墨水挤压在纸张上的方案，随后创立了现代的三维打印企业 ZCorporation。

1996 年，3DSystems、Stratasys、ZCorporation 分别推出了型号为 Actua2100、Genisys、2402 的三款 3D 打印机，第一次使用了"3D 打印机"的名称。

1.1.2 3D 打印的今生

2005 年，ZCroooration 推出了世界上第一台高精度彩色 3D 打印机——SpeCTRum2510，同一年，英国巴恩大学的 AdrianBowyer 发起了开源 3D 打日机项目 RepRap，目标是通过 3D 打印机本身，能够制造出另一台 3D 打印机。2008 年，第一个基于 RepRap 的 3D 打印机发布，代号为"Darwin"，它能够打印自身 50% 元件，体积仅一个箱子大小。

2010 年 11 月，第一台用巨型 3D 打印机打印出整个身躯的轿车出现，它的所有外部组件都由 3D 打印制作完成，包括用 Dimension3D 打印机和由 Stratasys 公司数字生产服务项目 RedEyeonDemand 提供的 Fortus3D 成型系统制作完成的玻璃面板。

2011 年 8 月，世界上第一架 3D 打印飞机由英国南安营敦大学的工程师剑建完成。9 月，维也纳科技大学开发了更小、更轻、更便宜的 3D 打印机，这个超小 3D 打印机重 1.5kg，报价约 1200 欧元。

2012 年 3 月，维也纳大学研究人员宣布利用二光子平板印刷技术突破了 3D 打印的最小极限，展示了一辆长度不到 0.3mm 的赛车模型。7 月，比利时 InternationalUniversCollegeLeuven 的一个研究组测试了一辆几乎完全由 3D 打印的小型赛车，其车速达到了 140 千米 / 小时。12 月，美国分布式防御组织成功测试了 3D 打印的枪支弹夹。

2012 年 12 月，Stratasys 公司发布了迄今为止最大的 3D 打印机 Objet1000，可以制造尺寸为 1000mm × 800mm × 500mm 的成品。

2013 年 2 月，玩具公司 WobbleWorks 推出了一款 3Doodler 涂鸦笔，能够画出实物。

2013 年 4 月，Organovo 宣称他们制造了具备功能和活力的 3D 打印肝细胞。

2014 年 7 月，NDUSTRY 宣布与著名自行车厂商 TiCycles 合作利用 3D 打印技术制造出全球首辆完整钛金属自行车 Solid。

2014 年 9 月，NASA 的首台零重力 3D 打印机搭乘 Falcon9 火箭前往国际空间站，两个月后，完成了首个太空 3D 打印项目。NASA 在国际空间站安装 3D 打印机为了测试宇航员在微重力下自主制造零部件和工具的可行性，将从地球向太空运送零部件和工具的次数降至最低，加快空间站的自给自足。

2015 年 2 月，清华大学化学系刘冬生课题组与英国瓦特大学 WillShu（舒文森）等合作成功研制出可应用于活细胞 3D 打印的 DNA 水凝胶材料，该材料能够同时满足多项活细胞 3D 打印的需求，为将来 3D 打印器官的活体移植创造了条件。

2015 年 7 月，筑波大学和日本印刷公司组成的科研团队宣布，已研发出用 3D 打印机低价制作可以看清血管等内部结构的肝脏立体模型的方法。该方法的应用可以为每位患者制作模型，有助于术前确认手术顺序以及向患者说明治疗方法。美国食品与药物管理局（FDA）批准了全球首个 3D 打印药物——SPRITAM。

2015 年 9 月，哈佛研究团队发明了一种革命性的主动混合多材料 3D 打印头，可以将不同材质和属性的材料整合到一个 3D 打印对象中。

2015 年 10 月，四川蓝光英诺生物科技股份有限公司宣布，3D 打印生物血管项目获得重大突破，具有完全自主知识产权的全球首创 3D 生物血管打印机问世，器官再造成为可能。波音公司披露了其最新开发出的一种独特的 3D 打印迷你网格材料，它的密度为 0.9mg/ml，仅为塑料的 1/1000。

2016 年 1 月 18 日，位于弗吉尼亚州的 OrbitalATK 公司宣布，他们已成功地在 NASA 兰利研究中心测试了 3D 打印超音速发动机燃烧室。不仅测试分析结构确认达到甚至超出性能要求，3D 打印的超音速发动机燃烧室也被证明是能够承受最长持续时间的风洞试验记录的一款燃烧室。

1.1.3 3D 打印的来生

2012 年 4 月，英国著名杂志《经济学人》的专题报告中指出，全球工业正在经历第三次工业革命，与以往不同,本次革命将对制造业的发展产生巨大影响，其中一项具有代表性的技术就是 3D 打印技术。报告认为，该技术将与其他数字化生产模式一起推动实现"第三次工业革命"，可以改变未来的生产与生活模式，实现社会化制造，使每个人都可以成为一个工厂，并且将改变制造商品的方式，改变世界的经济格局，进而改变人类的生活方式。该技术一出现就取得了快速的发展，在各个领域都取得了广泛的应用。

2013 年麦肯锡发布"2025"，而 3D 打印被纳入决定未来经济的 12 大颠覆技术之一。3D 打印有能力改变我们在每个行业中实际生产每种产品的方式。3D 打印中的"墨水"实际上是无限的，3D 打印应用领域是多方面的。著名的创新团体 SkunkWorks 的前负责人曾说过，只要你保持简单，任何事情都是可能的。

目前，3D 打印技术已经步入了飞速发展的时代，3D 打印被赋予了"第三次工业革命"的大背景，以 3D 打印技术为代表的快速成型技术被看作是引发新一轮工业革命的关键要素。在 3D 打印技术领域，虽然国内与国外存在差距，但是，国内在某些方面已经领先全球，并且从"国家领导人"到"普通民众"对 3D 打印技术都给予了高度的关注和极大的热情，这为提升"中国制造"整体实力提供了一个绝佳的机会，为 3D 打印的普及应用与深化发展提供了一个良好的平台。

（一）3D 打印技术未来趋势之一——设备向大型化发展

纵观航空航天、汽车制造以及核电制造等工业领域，对钛合金、高强钢、高温合金以及铝合金等大尺寸复杂精密构件的制造提出了更高的要求。目前现有的金属 3D 打印设备成形空间难以满足大尺寸复杂精密工业产品的制造需求，在某种程度上制约了 3D 打印技术的应用范围。因此，开发大幅面金属 3D 打印设备将成为一个发展方向。

（二）3D 打印技术未来趋势之二——材料向多元化发展

3D 打印材料单一性在某种程度上制约了 3D 打印技术的发展。以金属 3D 打印为例，能够实现打印的材料仅为不锈钢、高温合金、钛合金、模具钢以及铝合金等几种最为常规的材料。3D 打印仍然需要不断地开发新材料，使得 3D 打印材料向多元化发展，并能够建立相应的材料供应体系，这必将极大地拓宽 3D 打印技术应用领域。

（三）3D 打印技术未来发展趋势之三——从地面到太空

NASA 是美国政府机构中较早研究使用 3D 打印技术的单位，已利用 3D 打印技术生产了用于执行载人火星任务的太空探索飞行器（SEV）的零部件，并且探讨在该飞行器上搭载小型 3D 打印设备，实现"太空制造"。"太空制造"是 NASA 在 3D 打印技术方向的重点投资领域。为实现"太空制造"，美国已在太空环境的 3D 打印设备、工艺及材料等领域开展了多个研究项目，并取得多项重要成果。

图 1-2 3D 打印飞行器

（四）3D 打印技术未来发展趋势之四——助力深空探测

3D 打印技术的快速发展和远程控制技术为空间探测提供了新的思路。月面设施构件 3D 打印技术是利用月球原位资源，采用 3D 打印技术就地生产月面设施构件，是未来建立大型永久性月球基地的有效途径。该方法能够最大限度地利用原位资源制造 3D 打印所需的粉末材料，继而采用 3D 打印设备直接打印出月面设施构件，大大降低地球发射成本，并可利用月球基地的原位资源探索更远的空间目标。

（五）3D 打印技术未来发展趋势之五——走入千家万户

随着 3D 打印技术的不断发展和成本的降低，3D 打印技术走入千家万户不无可能。也许，未来的某一天，你便可以在家里给自己打印一双鞋子；也许，未来某一天，在你的车子里就放着一台 3D 打印机，汽车的某个零件坏了，便可以及时打印一个重新装上，让你的车子继续飞奔起来，而不是站在路边苦苦地等着别人来把你的车子给拖走……

3D 打印正因为它的独特魅力逐渐融入我们的生活；3D 打印正因为它的独特优势逐渐改变这个世界；3D 打印正因为它的无所不能可以让你的"异想天开"

变得"实实在在";3D 打印正因为它的快速高效可以让你的"驾车旅游"不再孤单;3D 打印正因为它的巨大魔力让建立"月球家园"不再是一个梦想。

1.2 何为 3D 打印

3D 打印,即快速成型技术的一种,也称增材制造。它是一种以数字三维 CAD 模型设计文件为基础,运用高能束源或其他方式,将液体、熔融体,粉末、丝、片、板、块等特殊材料进行逐层堆积黏结,最终叠加成型,直接构造出物体的技术。

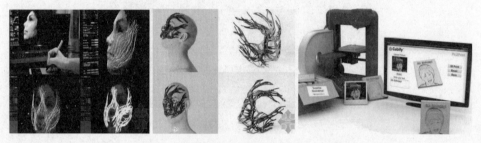

图 1-3 3D 打印释义图

3D 打印技术是数字化技术、新材料技术、软件编程技术、光学技术等多学科发展的产物。其工作可以分为两个过程:

一是数据处理,利用三维扫描仪和计算机辅助设计(CAD)数据,将数据切片分层处理,完成将三维数据分解为二维数据的过程;

二是制造过程,依据分层的二维数据,采用所选定的制造方法制作与数据分层厚度相同的薄片,每层薄片按顺序叠加起来,就构成了三维实体,从而实现从二维薄层到三维实体的过程。

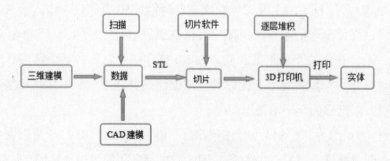

图 1-4 3D 打印流程图

1.3 3D 打印与传统制造方式的区别与联系

1.3.1 3D 打印与传统模具制造的区别

传统模具的特点：

A. 模具耐用性：要耐磨损，而且要经济实惠。鉴于此，大部分模具都采用钢制，有些甚至采集硬质合金制造。

B. 模具制造：用 3D 建模软件例如 PRO-E 将模具图绘制出来，经过不断调整达到最终成效果。

C. 模具用途：以传统注塑和冲压产品为主。

D. 模具强度精度：根据用户实际需求确认强度，精度较高。

E. 模具生产时间：较为快速。

图 1-5 传统模具与 3D 打印模具制造

3D 打印技术的特点：

A. 3D 打印所需材料：根据用户实际需求考虑最适合的打印材料。

B. 3D 打印成型方式：累积式，层层叠加，最终打印完成作品。

C. 3D 打印用途：小型复杂零件用 3D 打印可以轻松实现，大型零件通过整体打印拼装。

D. 3D 打印强度精度：关于影响 3D 打印的强度和精度有很多综合因素，3D 打印机的精度，所选材料的质量，3D 模型图的精度等都决定了最终出来的产品精度，强度。目前。3D 打印产品的强度和精度正在以飞快地速度改善。

E. 3D 打印生产时间：成型时间较长。

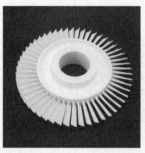

图 1-6 3D 打印模具制造

1.3.2 3D 打印与传统模具制造的联系

3D 打印技术拥有打印精度高、消耗材料少、加工地点灵活等优势，可以为制造业提供工艺上的技术改进和实现工艺多样化。第一，对于具有精确内部凹陷或互锁部分的形状设计，3D 打印是首选加工设备；第二，3D 打印零时间交付，及时减少了企业实物库存。该技术使用与传统制造相比更少的材料，而传统的金属制造中，90% 的金属原材料常被丢弃浪费；第三，3D 打印设备能够自由移动，实现便携制造；第四，3D 打印给生产模式也带来了巨大变更。随着信息化发展，人们逐渐追求个性化的消费，传统大批量、标准化生产的模式已难以满足这种需求，而 3D 打印的特点恰好顺应并推动了产品向个性化、定制化和分散化的转变。

目前，虽然作为生产方式，3D 打印还难以取代大规模生产成为最主流的生产方式，但却能满足散布在世界各地的种种个性化需求。作为快速原型制造工具，3D 打印使硬件创新更加容易，带动了硬件的复兴。作为一种几乎可以制造任何物品的技术，3D 打印让制造业工艺获得飞跃的进步。

1.4 3D 打印技术应用领域

3D 打印机的应用于任何需要模型和原型的领域。正如康奈尔大学（CornellUniversity）副教授、该校创意机器实验室（CreativeMachinesLab）主任霍德利普森所说："3D 打印技术正悄悄进入从娱乐到食品，再到生物与医疗应用等几乎每一个行业。"目前，3D 打印技术已在工业设计、模具制造、机械制造、航空航天、文化艺术、军事、建筑、影视、家电、轻工、医学、考古、教育等领域广泛应用。随着技术的发展，其应用领域将不断拓展。3D 打印技术在上述领域中应用主要体现在以下几个方面。

（一）服饰及首饰行业

2017 年 6 月 19 日，匹克体育召开发布会，揭晓了旗下 3D 打印跑鞋 2.0 版 "FUTURE2.0"，这距其推出首款 3D 打印跑鞋 "FUTURE1.0" 仅过去一个月。

匹克投出的这枚 "重磅炸弹"，无疑震撼了我国业内乃至全球运动行业。匹克用时间证明了其品牌具有的强大专业技术及创新能力，正式开启了我国运动产品的定制时代。

匹克签约跑者、"一个人的 24 小时" 不间断跑步挑战者许秀涛在发布会现场也给了这款 3D 打印跑鞋很高的评价："穿着非常柔软、舒适，希望匹克在未来能给大家带来更多创新性的高科技产品。"

诚然，匹克让 3D 打印技术成为大众能够亲身体验的前沿科技，让 3D 打印技术不再只是运动品牌营销的噱头。

图 1-7 匹克 2 代 3D 打印运动跑鞋

GanitGoldstein 是一名耶路撒冷 Bezalel 艺术与设计学院珠宝和时尚系学

生，第二学年时，她决定展示一些稍显严肃的设计，最终，她想到了用 3D 打印技术制作蕾丝花边。这款 3D 打印蕾丝花边，由 SOLIDWORKS3D 打印机和 MakerBot3D 打印机共同制作，材料灵活且非常耐热。令人惊讶的是，制作过程只需要 30 分钟左右，使用此种生产方法，极有可能改变传统手工制作模式，减少人力物力，降低经济成本。在未来，更多的人都能够享受到 3D 打印技术的快速、高效、实惠，3D 打印技术为我们带来的便利，可不止于此。

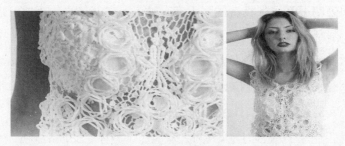

图 1-8 3D 打印蕾丝服装

2015 年 4 月份，一个名叫 Skraep 的品牌在意大利 A'DesignAward 设计大赛上，凭借一款 3D 打印吊坠荣获当年的设计金奖，一个从未听说过的品牌瞬间引发了欧美时尚界的好奇和追逐。有趣的是，Skraep 也是团队在参赛前才取好的品牌名称，这是因为获奖的这款 3D 打印吊坠的设计灵感就是来源于揉捏的纸团，而 Skraep 就是取自 Scrap 的英文音标。

图 1-9 3D 打印吊坠

（二）食品行业

3D 打印技术在食品行业也有较好的应用，目前世界上已有多种不同种类的

3D 打印机。有糖果 3D 打印机、水果 3D 打印机、食物 3D 打印机、巧克力 3D 打印机等。食物 3D 打印机只是对烹饪前的食物进行配置,烹饪过程中还需要人工操作。3D 打印在食物制作方面的长处如下:首先,3D 打印机根据食材配置进行制作,营养均衡;其次,3D 打印机简化了做饭过程。

世界上首家 3D 打印食品公司 BeeHex,专门研发的就是 3D 打印披萨饼。Beehex 由多位科技界人士联合创立,该公司开发的原型能在 4 分钟内打印一个任何形状的可立即烤制的披萨饼,而它的 3D 打印售货亭 3DChef,每 60 秒就可以打印并烘烤一个披萨饼。Beehex 提供的是借助 3D 技术定制口味的披萨烘烤一体机,连接 APP 后就成了可移动的披萨店。打印所使用的原材料至关重要,Beehex 宣布与提供意大利传统那不勒斯比萨的 Ribalta 披萨店合作,厨师长 PasqualeCozzolino 创造的面团发酵过程有 5 天之久,既轻又易消化,因此他将作为顾问监督 3D 打印机使用的面团、酱汁和奶酪配方。根据他在烹饪行业的经验通过 3D 打印制造出的的披萨具有绝佳的口感和质量,这是比其他搞出古怪食物的 3D 技术开发者更聪明的尝试。

图 1-10 3D 打印披萨

荷兰设计工作室 MichielCornelissenOntwerp 带来了迷人的 XOCO3D 打印机,一个创造性的烹饪工具,介于应用程序控制设备和厨房用具之间,使用巧克力作为“墨水”。利用带旋转板的极坐标系统和打印头,这个 3D 打印机可以创造多种形状的巧克力。玻璃罩下是一个多色 LED 环形基座,旨在让用户看到打印过程。这款 3D 打印机是专为创新的餐厅和家庭烹饪爱好者设计的。

图 1-11 3D 巧克力打印机与 3D 打印巧克力

中国食品的 3D 打印技术还没有出现代表企业。2015 年清华创业团队三弟画饼设计的 3D 煎饼打印机在京东众筹上筹款成功，此后获得了徐小平的千万元投资，并组建"北京小飞侠科技有限公司"开始了商业运营。事实上，三弟画饼只是借用了 3D 打印技术的 2D 煎饼打印机，技术上的缺陷、产品的硬伤加之高昂的价格，让这个项目没有真正走向技术研发与商业化运作的良性循环，致使其陷入各方面的质疑和危机。但这并不意味着这一技术在中国没有市场空间，虽然距离人人都可以在家 3D 打印食物的理想还很遥远，但如同 30 年前方便面技术对食品工业的影响一样，新生事物给后人留下了巨大的探索空间，值得餐饮业界关注。

图 1-12 3D 打印煎饼机与 3D 打印煎饼

（三）建筑行业

据悉，盈创是全球首家成功应用 3D 打印技术打印建筑的高新技术企业，目前申请各项专利累计达 129 项，多次荣获"国家高新技术企业""中国建筑创新大奖""中国材料公益创新奖""绿色建材奖"等荣誉。传统房地产行业的一项重要成本就是建筑成本。据测算，采用 3D 打印建筑技术，可节约建筑材料 30%—60%，工期缩短 50%—70%，节约人工 50%—80%，整体建筑成本至少节省 50% 以上。中国房地产数据研究院院长陈晟表示，采用 3D 打印技术，对房地产行业来说将是一次颠覆性的革命。

2016 年 11 月 29 日，江苏省苏州工业园区一厂区建"迷你小镇"，中式古典庭院、中式现代庭院、3D 打印 6 层楼、可移动式建筑、异形建筑、3D 打印 1100m^2 奢华别墅等多栋 3D 打印建筑令人目不暇接。

图 1-13 盈创 3D 打印内外精装 1100m^2 豪宅别墅

2016 年 5 月，迪拜酋长 SheikhMohammed 为世界上第一个 3D 打印办公室揭幕，迈出了推行迪拜世界级 3D 打印产业中心的第一步。这座被命名为未来办公室 (OfficeofTheFuture) 的 3D 建筑，其实是迪拜在建的未来博物馆 (MuseumofTheFuture) 的管理团队智能化办公室。这座 3D 办公室的创新点之一就是主体结构（包括垂直和水平部分）全部采用 3D 打印工艺。使用的 3D 打印机高 6 米，长 36 米，宽 12 米，以水泥为主要原料，整个打印过程耗时 17 天。主体结构在中国完工后，通过海运运往迪拜，由中建的队伍在现场进行拼接和安装。整个过程仅用了两天时间。除了中建的深度参与之外，未来办公室的监控和网络等电子系统的软件和硬件部分均由华为提供。3D 办公室一共占地 250 平米左右，分成三个功能区：一个展览馆，主要用于接待媒体和企业团体，一个智能公共办公区和一个独立办公区。走进办公室以后，最抢眼的是智能化公共办公区。

图 1-14 迪拜 3D 打印办公楼实景图

（四）交通行业

3D 打印在交通行业中应用主要包括汽车设计、结构复杂零件的直接制作、汽车上的轻量化结构零件的制作、定制专用的工件和检测器具、整车模型的制作。

Divergent 是一家创办于美国洛杉矶的高新技术公司，近期完成 A 轮融资，集资总额 2300 万美元，投资方包括香港富商李嘉诚创办的创投公司维港投资。该公司研发的 3D 打印平台 DivergentManufacturingPlatform 致力于改变汽车生产环节所产生的经济及环境影响，公司于 2015 年推出首款自主设计的 3D 打印汽车 Blade。

根据 Divergent 测算，一辆售价约为 3.5 万美元的汽车，若通过 3D 打印技术生产，其生产成本能够下降 4000 至 5000 美元，同时，若该型号汽车不受市场欢迎，生产商还可以随时决定调整或者升级。实现大规模的量产目前已不是问题。"16 台 3D 打印平台一年能够生产 10000 辆车，同时，这些车也不会受型号、设计或者是生产机器限制，汽车、巴士、卡车、摩托车、电动车、无人驾驶车等等，一切只需要修改 3D 打印机的设计数据即可"，KevinCzinger 表示。

图 1-15 3D 打印汽车 Blade

全部由在校生组成的 TOXIC 团队，五个学生三个月时间，一台 3D 打印机，一个电钻，组成了下面这辆一旦上路回头率将会爆表的奇葩电动车。而他们的这辆车专是为德国年度"Akkuschrauberrennen"大赛设计。该车由电池驱动，续航为 1.5 公里，最高时速为 20 公里每小时。这辆车转弯需要驾驶者将身体重量倾斜到一侧，有点儿像滑雪。这辆车整车框架是由 3D 打印技术完成。

图 1-16 3D 打印奇葩电动车设计草图、设计过程、最终产品呈现

（五）医疗行业

3D 打印是术前的一个"助手"，能够帮助医生精准定位手术区域。2017 年 5 月，台州恩泽医疗中心骨科分部脊柱外科借助 3D 打印技术，精确完成一例高风险枕颈部严重畸形手术。台州恩泽医疗中心骨科分部执行院长骨科主任洪正华："颈椎有 7 节，排列成一条弧度线，这个病人有一个严重的后突畸形，再加上很多骨结构的缺损，没有的发育，当时看到这样的病人之后，就无法下手，常规的颈 1.2 手术我们做的很多，相对来说风险不大的，但这个病人我们无从下手。"

为了能够更清楚、直观地了解病人的脊椎弯曲情况，制定详尽的手术方案，医生利用 3D 打印技术辅助手术。通过在 3D 标本上预手术，终于在颈 2 的椎弓根及椎板部位找到了一丝置钉的机会。手术的进程都在 3D 模型的指导下进行，每一个动作都极力精确。经过三个多小时的奋战，手术顺利完成。

图 1-17 3D 打印颈椎

矫形器是在人体生物力学的基础上，作用于人体四肢或躯干，用以保护肢体稳定；预防、矫正肢体畸形；治疗骨关节、神经与肌肉疾病及功能代偿的体外装置。现代康复医学已把矫形器技术视为与物理治疗、作业治疗、语言治疗同等重要的四项主要的康复治疗技术之一，运用于如患有脑卒中、脑外伤、骨肿瘤等人群的手术后期康复治疗。3D 打印矫形器的出现，可以让矫形器发挥出最大的作用，让患者有更加舒适方便的体验。

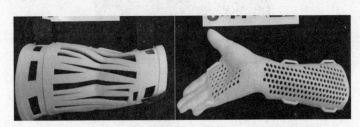

图 1-18 髌骨骨折固定矫形器、手部固定矫形器

（六）文创领域

在钢铁深林的城市里，人们却更加怀念翠绿色的生命，喜欢在院里、桌上摆上一些花花草草，闲暇时摆弄一下绿叶，闻一闻花香，大自然的力量能打通全身的慵懒气脉，让人抖擞精神。随着 3D 打印技术的发展，科技的力量足以给予花盆以性格。我们在追求花草们婀娜的性格时，却对植物脚下那尊容器的重视不足，接下来就带大家欣赏 3D 打印技术如何赋予花盆以生命。

图 1-19 3D 打印盆栽

在日益数字化的时代，小巧精致的长短针时钟再一次出现在人们的视野中，部分原因在于 3D 打印技术的可接入性。3D 打印使得各种部件方便而廉价的被制造，例如定制齿轮构建和其它零部件。日前，受到 3D 打印技术的启发，Hackaday 用户向世人展示了其 3D 打印计时作品：TORLO 时钟。时钟由 3D 打印爱好者 EkaggratSinghKalsi 设计和制造，EkaggratSinghKalsi 是一位喜欢在业余时间修理工程机械的建筑师。Kalsi 最初开始使用自动振荡电机制造时钟，但这个任务充满了困难：即使电机竭尽全力保持一致的时间，但是一接触便会磨损。

图 1-20 3D 打印计时作品：TORLO 时钟

建筑师和设计师 DavidMünscher 设计并 3D 打印了可爱的 ION 灯罩，以及对应的较小版本 ION-S。它们都是以经典的传统小油灯形状为蓝本来建模的，这种形状也能在中国的纸灯笼上找到。实际上，纸是 Münscher 的重要灵感之一。ION 和 ION-S 灯罩有一个非常经典而精致的外观，易被误认为纸张。这两款看起来像南瓜的灯罩是为吊灯设计的，但也可用作台灯或落地灯。据 Münscher 说，当灯亮起来时，3D 打印的线条会显现出来，从而赋予灯罩一个织物的外观。ION 灯罩重 140 克，尺寸为 285×200 毫米，售价 235 美元，可在 Münscher 的 Shapeways 商店购买。ION-S 重仅 70 克，大小为 200×155 毫米，价格为 149 美元。两款灯罩都是用坚固而柔性的白色聚酰胺 3D 打印而成的。

图 1-21 3D 打印灯罩

（七）文物考古

ConceptLaser 公司使用其一个 Mc 系列产品，3D 打印了德国 Unlingen 附近的巴登－符腾堡州 Biberach 地区的一个早期凯尔特人酋长坟墓遗址的青铜骑马人物的青铜制品 "RiderofUnlingen" 的复制品———尊 2800 多年前的骑马者青铜雕像。目前，公司正在宣传该项目，以展示 3D 打印如何以新的方式为考古发现提供新的可能。通过使用 3D 打印技术，现在可以生成副本，而无需损坏原件。通过该过程获得的 STL 数据使得可以将今天的工业 3D 打印过程转移到考古学领域的应用。

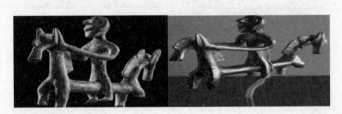

图 1-22 青铜骑马人物原型（左图）3D 打印青铜骑马人物模型（右图）

（八）文化教育

法国公司 LeFabshop 设计师 SamuelBernier 为小朋友发起了一个名为 OpenToys 的项目，利用 3D 打印机把蔬菜变成各种有趣的样子，例如潜水艇、赛车、直升飞机等。配件包括轮子、机翼、螺旋桨以及驾驶舱，小朋友可以将其与蔬菜随心搭配，创造出各种有趣的玩具。Bernier 自己是个充满奇思妙想的人。几年前，通过绝妙的点子挽救了自己濒临停产的宜家灯产品。现在推出的 OpenToys3D 打印的开放式玩具，给无生命的蔬菜植物赋予了新生，让孩子们意识到创意便能创造一切。所以说当小朋友拥有了 OpenToys 之后，妈妈们就不要抱怨为什么找不到家中的黄瓜了。

图 1-23 OpenToys 项目

（九）影视道具

《星球大战》出品方迪斯尼和卢卡斯影业联手用 3D 打印技术推出电影周边收藏品，这些产品都是电影道具的 100% 还原。所用技术也和电影道具原件相同。在制作前，首先用高端 3D 扫描仪对电影道具"母体"进行扫描建模，然后该模型被发送到 VoxeljetVX1000 粉末床 3D 打印机上进行"打印"。由于设备精度较高，因此打印速度也比较缓慢，一件道具的完成时间需要大约 20 小时。

图 1-24《星球大战》头盔道具模型

提及影视道具，很多人并不陌生。据相关客户反馈，目前影视道具需求太过个性化，千奇百怪造型各异，但往往数量上只需要一个或者几个，找公司或作坊做肯定成本高，这时候 3D 打印的作用就显现出来了，只要画好模型，就可以打印出想要的道具，影视中常用到的花瓶、玉玺、宝剑、宫廷中各种宫灯甚至各种小型建筑，都可以打印出来，节省了很多时间和制作成本。《青云志》中的面具是通过使用 3D 打印技术制作，3D 打印能够在道具制作领域得到成熟应用，这源于它层层叠加的成型原理，其个性化制作的神技，运用 3D 打印构造完美细节，体现一种与时俱进的制作理念，中国玄幻影视制作往往被诟病"

五毛特效"，原因之一就是服装、配饰、道具制作山寨化与廉价感，融入 3D 打印，让设计变得更走心，让剧中的每一项设计都饱含创意，已成为影视道具制作的推进器。

图 1-25 影视剧里的 3D 打印面具

（十）模具制造

传统方式制作的圆珠笔笔芯镶件进水困难，水路加工难，易渗水，易损坏。3D 打印 SLM 技术能增强模具的冷却效率，间接地提高了注塑产品的生产率。且在当前技术水平下，内置随形冷却水路只有 SLM 技术能做到，传统制造工艺是无法做到的。3D 打印模具可以达到正常金属的 99.9% 的金属致密度和 750MPa 机加工强度，可以对其进行任何机械加工。

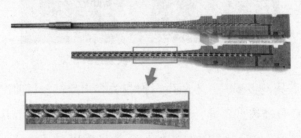

图 1-26 华曙高科 SLM 制造的圆珠笔芯模具

目前，工业界主要利用 3DP 技术直接制造模具。Dippenaar 等以石膏粉体为成形材料，采用 3DP 技术制造真空辅助树脂传递成形用模具如图 1-27，并利用该模具制备刀片。Junk 等以石膏为材料，采用 3DP 方法制造热塑成形用模具，以压制汽车模型车身顶盖。Budzik 采用 Zcorp 公司的 Z510 三维打印机和 Zcast501 专用粉体材料，直接制造的砂型模具，用于铸造转子叶片这些制模方法周期短、工艺简单，但制造的模具精度和表面粗糙度较差，致密度低、力学性能差。某公司使用自主研发的选择性激光烧结（SLS）设备，针对航空航天和汽车制造等领域的应用需求，打印成型了大量的蜡模（图1-28）和砂型、砂芯（图1-29），解决了形状复杂模具在传统制造难度大、周期长、成本高、风险大甚至无法制造的难题，为推动相关行业的发展提供了方向和必要的技术支撑，在行业中处于领先水平。（图片1-27、1-28、1-29来源于北京隆源自动成型系统有限公司）

图 1-27 真空辅助树脂传递成形用模具

图 1-28 航空器局部蜡模

图 1-29 汽车发动机砂模

1.5 3D 打印的发展现状

1.5.1 3D 打印的国外发展现状

经过近 30 年的发展，目前美国已经成为增材制造领先的国家。3D 打印技术不断融入人们的生活，催生出许多新的产业。人们可以用 3D 打印技术自己设计物品，使得创造越来越容易。美国为保持其技术领先地位，最早尝试将 3D 打印技术应用于航空航天等领域。1985 年，在五角大楼主导下，美国秘密开始了钛合金激光成形技术研究，直到 1992 年这项技术才公之于众。2002 年，美国宇航局（NASA）研制出 3D 打印机，可以制造金属零件。同年，美国将激光成形钛合金零件装上了战机。为提高制造效率，美国人开始采用 42KW 的电子束枪，Sciaky 的 3D 打印机每小时能打印 6.8–18.1Kg 金属钛，而大多数竞争者仅能达到 2.3Kg/h。美国军工巨头洛克希德·马丁公司宣布与 Sciaky 加强合作，把该公司生产的装备应用到正在生产的 F–35 战斗机上。目前，使用 3D 打印钛合金零件的 F–35 已经进行了试飞。据估计，如果 3000 多架战机都使用该技术制造零部件，不仅可以大大提高"难产"的 F–35 战机的部署速度，而且还能节省数十亿美元成本，如相当于材料成本 1–2 倍的加工费现在只需要 10%；加工 1t 重钛合金复杂结构件，传统工艺成本大约 2500 万元，而激光 3D 焊接快速成形技术的成本在 130 万元左右，仅是传统工艺的 5%。2012 年 7 月，美国太空网透露，NASA 正在测试新一代 3D 打印机，可以在绕地球飞行时制造设备零部件，并希望将其送到火星上。

世界科技强国和新兴国家都将增材制造技术作为未来产业发展新的增长点加以培育和支持，以抢占未来科技产业的制高点。2012 年，美国提出了"重振制造业"战略，将"增材制造"列为第一个启动项目，成立了国家增材制造研究院（NAMII）。欧盟国家认识到增材制造技术对工业乃至整个国家发展的重要作用，纷纷加大支持力度。德国政府在 2013 年财政预算案中宣布政府在《高技术战略 2020》和《德国工业 4.0 战略计划实施建议》等纲领性文件中，明确支持包括激光增材制造在内的新一代革命性技术的研发与创新。澳大利亚政府倡导成立增材制造协同研究中心，促进以终端客户驱动的协作研究。新加坡将 5 亿美元的资金用于发展增材制造技术，让新加坡的制造企业能够拥有全球最先进的增材制造技术。日本政府在 2014 年预算案中划拨了 40 亿日元，由经济产业省组织实施以增材制造技术为核心的制造革命计划，以构建其完备的增材制造材料与装备体系，提高其增材制造技术的国际竞争能力。2014 年 6 月，韩国政府宣布成立 3D 打印工业发展委员会，批准了一份旨在使韩国在 3D 打印领域获得领先地位的总体规划，其目标包括到 2020 年培养 1000 万创客（Maker），针对各个层次的民众制订相应的 3D 打印培训课程，以及为贫困人口相应的数字化基础设施。可以说，增材制造技术正在带动新一轮的世界科技和产业发展与竞争。

美国专门从事增材制造技术咨询服务的 Wohlers 协会在 2015 年度报告中对行业发展情况进行了分析。2014 年增材制造设备与服务全球直接产值为 41.03 亿美元，2014 年增长率为 35.2%，其中设备材料为 19.97 亿美元，增长 31.6%；服务产值为 21.05 亿美元，增长 38.9%；其发展特点是服务相对设备材料增长更快。在增材制造应用方面，工业和商业设备领域占据了主导地位，然而其比例从 18.5% 降低至 17.5%；消费商品和电子领域所占比例为 16.6%；航空航天领域从 12.3% 增加至 14.8%；机动车领域为 16.1%；研究机构占 8.2%，政府和军事领域占 6.6%，二者较 2013 年均有所增加；医学和牙科领域占 13.1%。在过去 10 年的大部分时间内，消费商品和电子领域始终占据着主导地位。目前，美国在设备拥有量上占全球的 38.1%，居首位；日本占第二位；中国于 2014 年赶超德国，以 9.2% 列第三位。在设备销售量方面，2014 年美国增材制造设备产量最高，中国次之，日本和德国分别位居第三和第四位。

国际上 3D 打印经过 30 多年的发展，美国已经成为 3D 打印技术的领先国家，3D 打印技术不断融入人们的生活，在食品、服装、家具、医疗、建筑、教育等领域大量应用，催生出许多新的产业。3D 打印设备已经从制造业设备成为生活中的创造工具。创造活动成为引领社会发展的热点，人们可以用 3D 打印技术自己设计物品，使得创造越来越容易。3D 打印技术正在快速改变传统的生产方式和生活方式，欧美等发达国家和新兴经济国家将其作为战略性新兴产业，纷纷制定发展战略，投入资金，加大研发力量和推进产业化。

（一）3D 打印产业不断壮大

3D 打印企业正在进行公司间的合并，兼并的对象主要是设备供应商、服务供应商以及其他的相关公司。其中最引人注目的是 ZCorporation 公司被 3DSystems 公司收购，还有 Stratasys 公司与 Object 公司合并。Delcam 公司（英国）收购了 3D 打印软件公司 FabbifySoftware 公司（德国）的一部分。据预计，FabbifySoftware 公司会在 Delcam 公司的设计及制造软件里增添 3D 打印应用项。3DSystems 公司收购了参数化计算机辅助设计（CAD）软件公司 Alibre 公司，以实现对计算机辅助设计（CAD）和 3D 打印的捆绑。2011 年 11 月，EOS 公司（德国）宣布该公司已经安装超过 1000 台激光烧结成形机。11 月初，3DSystems 公司宣布收购 Huntsman 公司（德州，林地）与光敏聚合物及数字 3D 打印机相关的资产；随后又宣布兼并 3D 打印机制造商 ZCorporation（马萨诸塞州，伯灵顿市），这次兼并花费了 1.52 亿美元。

（二）新材料新器件不断出现

Object 公司发布了一种类 ABS 数字材料以及一种名为 VeroClear 的清晰透明材料。3DSystems 公司也发布了一种名为 AccuraCaster 的新材料，该种材料可用于制作熔模铸造模型。同期，Solidscape 公司（梅里马克，新罕布什尔州）也发布了一种可使蜡模铸造铸模更耐用的新型材料 plusCAST。2011 年 8 月，KelyniamGlobal（新不列颠，康涅狄格州）宣布正在制作聚醚醚酮（PEEK）颅骨植入物。利用 CT 或 MRI 数据制作的光固化头骨模型可以协助医生进行术前规划，在制作规划的同时，加工 PEEK 材料植入物。据统计，这种方法会将手术时间降低 85%。2011 年 6 月，Optomec 公司（新墨西哥州，阿尔伯克基）发布了一种可用于 3D 打印机保形电子的新型大面积气溶胶喷射打印头。Optomec 公司虽以生产透镜设备而为 3D 打印行业所熟知，但它的气溶胶喷射打印却隶属美国国防部高级研究计划局的 MICE 计划，该计划的研究成果主要应用在 3D 打印、太阳能电池以及显示设备领域。

（三）新市场产品不断涌现

2011 年 7 月，Object 公司发布了一种新型打印机 Object260Connex，该种打印机可以构建更小体积的多材料模型。2011 年 7 月，Stratasys 公司发布了一种复合型 3D 打印机 Fortus250mc，该成形机可以将 ABS 打印材料与一种可溶性支撑材料进行复合。Stratasys 公司还发布了一种适用于 Fortus400mc 及 900mc 的新型静态损耗材料ABS-ESD7。2011年9月，BulidatronSystem公司宣布推出基于RepRap的Bulidatron3D打印机。这种单一材料打印机既可以作为一种工具箱使用（售价1200美元），也作为组装系统使用（售价2000美元）。Object公司引入了一种新型生物相容性材料MED610，这种材料适用于所有的Polyjet系统。刚性材料主要面向医疗及牙科市场。3DSystems公司发布了一种基于覆膜传输成像的打印机PRPJET1500，同时也发布了一种从一进制信息到字节的3D触摸产品。2012年1月，Makerbot推出了售价1759美元的新机器MakerbotReplicator，与其前身相比，该机器可以打印更大体积的模型，并且第二个塑料挤出机的喷头可以更换，从而挤出更多颜色的ABS或PLA。3DSystems公司推出了一种名为Cube的单材料、消费者导向型3D打印机，其售价低于1300美元。该机器装有无线连接装置，从而具有了从3D数字化设计库中下载3D模型的功能。国防部与Stratasys公司签订了100万美元的UPrint3D打印机订单，以支持国防部的DOD'SSTARBASE计划，该计划的目的是吸引青少年对科学、技术、工程、数学以及先进制造技术中3D打印制造的兴趣。2012年2月，法国EasyClad公司发布了MAGICLF600大框架3D打印机，该成形机可构建大体积模型，并具有两个独立的5轴控制沉积头，从而可具有图案压印、修复及功能梯度材料沉积的功能。3DSystems公司推出了一种可用于计算机辅助制造程序，如Soildworks、Pro/E的插件Print3D。通过3DSystems'ProPart服务机构，这种插件可对零件及装配体进行动态的零件成本计算。2012年3月，Bumpy-phot公司正式推出了一款彩色3D打印的照片浮雕。先输入数字照片，再在24位色打印机ZPrinter上打印，就能形成3D照片浮雕。价格也从最初79美元的3D照片变为89美元的3D刻印图样。Stratays公司和Optomec公司展出了带有保形电子电路（利用的是Optomec'sAerosolJet公司的技术）的熔化沉积打印的机翼结构。

（四）新标准不断更新

2011年7月，同期，美国试验材料学会（ASTM）的3D打印制造技术国际委员会F42发布了一种专门的3D打印制造文件(AMF)格式，新格式包含了材质，功能梯度材料，颜色，曲边三角形及其他的STL文件格式不支持的信息。10月份，美国试验材料学会国际（ASTM）与国际标准化组织（ISO）宣布，ASTM国际委员会 F42 与 ISO 技术委员会将在 3D 打印制造领域进行合作，该合作将降低重复劳动量。此外，ASTMF42 还发布了关于坐标系统与测试方法的标准术语。

1.5.2 3D 打印国内发展现状

（一）我国政府对于 3D 打印的政策扶持

为了推动我国由"工业大国"向"工业强国"快速转变，近年来我国政府也开始高度重视 3D 打印技术，多次出台相关政策促进产业发展。2012 年 10 月，中国 3D 打印技术产业联盟成立，2013 年，中国 3D 技术产业创新中心（南京、潍坊、珠海）相继成立。2013 年，3D 打印入选国家 863 计划，国家提供 4000 万元作为研究基金来支持 3D 打印核心技术的发展，北京投入了 15 亿元支持 3D 打印技术。在地方政府层面，3D 打印产业更是遍地开花，成为各地政府追捧热点，包括南京、珠海、广州、青岛、成都等地都筹建了 3D 打印产业园，并在资金、土地、配套政策上给予支持。

2015 年，中国 3D 打印行业更是迎来了产业发展的春天。2 月，工信部、发改委及财政部联合发布了《国家增材制造产业发展推进计划（2015-2016 年）》，首次将增材制造（即 3D 打印）产业发展上升到国家战略层面，对 3D 产业的发展做出了整体计划，逐步建立完整的 3D 打印产业体系。8 月，李克强总理主持国务院 3D 打印专题讲座，指出推动中国制造由大变强，要紧紧依靠深化改革和创新驱动，加快 3D 打印、工业机器人等新技术新装备的运用和制造，以个性化定制对接海量用户，以智能制造满足更广阔市场需求，实现中国制造水平的突破和发展。2015 年二十国集团 (G20) 领导人第十次峰会上，中国国家主席习近平在《创新增长路径共享发展成果》的讲话中，强调 3D 打印技术是推动经济增长的新的源头。

图 1-30 习近平主席 G20 峰会讲话（左图）李克强总理主持 3D 打印专题讲座（右图）

中西部地区，2013 年初，武汉光谷未来科技城规划用地约 500 亩，投资额 1 亿元左右，建立滨湖机电 3D 打印生产基地。3 月，贵州省首个 3D 打印项目落户贵阳国家高新区。据报导，该项目将设立 3D 打印机研发中心，并计划 5 年内建成 3D 打印机规模化生产基地。6 月 27 日，成都增材制造（3D 打印）产业技术创新联盟成立，致力于打造国家航空产业 3D 打印示范基地。同年 11 月，绵阳高新区也着手规划建立西南 3D 打印技术研发、应用服务中心及产业化基地。2015 年 1 月 28 日，安徽省春谷 3D 打印智能装备产业技术研究院在安徽省繁昌经济开发区内揭牌成立，项目占地 145.8 亩，其中一期占地 45.8 亩，投资 1.2 亿元，建筑面积 3.77 万 M²，主要建设安徽省春谷 3D 打印智能装备产业技术研究院和 3D 产业孵化中心，目前已成为华东地区最大 3D 打印产业集群。2017 年 5 月 10 日，北京市增材制造和新材料技术创新中心在北京经济技术开发区挂牌成立，作为北京高端制造业与新材料领域首批筹建的先进制造创新中心，增材制造和新材料技术创新中心立足北京经济技术开发区，组织国内外增材制造和新材料制造企业、研究机构等，形成全球增材制造和新材料技术开放创新核心区和产业聚集区，将建成为世界领先的增材制造和新材料技术产业发展生态链系统，明确赶超目标、联合研究共性技术、快速转化研究成果、共商产业链分工，加速我国增材制造和新材料技术系统国际领先、工业化和应用产业化。另外，据悉，山西太原、陕西渭南等地也已着手建立 3D 打印产业园。

面对着如此广阔的市场空间，3D 打印行业迫切需要相应的专业人才。目前困扰各 3D 打印企业最大的问题就是找不到匹配的人才。据可靠资料显示，目前全国 3D 打印市场人才缺口至少 800 万人，分布在 3D 打印研发、生产、操作、维护、模型设计、产品质检、后期处理及市场销售等各个岗位。如此巨大的人才缺口与国家缺乏相应的 3D 打印人才培养体系不无关系，需要引起国家教育部门及教育机构的足够重视。当务之急需要尽快建立 3D 打印人才培养体系，特别是在职业教育领域建立面对 3D 打印机操作、维护岗位等中低层岗位的人才培养。

国内研究机构 3D 打印发展概况

我国自 20 世纪 90 年代初，在国家科技部等多部门大力支持下，西安交通大学、华中科技大学、清华大学、北京隆源自动成型系统有限公司等在典型的成形设备、软件、材料等方面的研究和产业化获得了重大进展。随后国内许多高校和研究机构也开展了相关研究，如西北工业大学、北京航空航天大学、华南理工大学、南京航空航天大学、上海交通大学、大连理工大学、中北大学、中国工程物理研究院等单位都在做探索性的研究和应用工作。

清华大学是国内最早研究快速成型技术的单位之一，在基于激光、电子束等 3D 打印技术基础理论、成形工艺、成形新材料及应用方面都有深入的研究，该校的颜永年教授也被业界誉为"中国 3D 打印第一人"。清华大学自行制备 LOM 工艺用纸，同时成功地解决了 FDM 工艺用蜡和 ABS 丝材的制备，并开发出了系列成形设备。其先进成形制造教育部重点实验室研制出国内第 1 台 EBSM-150 电子束快速制造装置，并与西北有色金属研究院联合开发了第 2 代 EBSM-250 电子束快速成形系统。基于此设备，西北有色金属研究院在电子束快速成型制造工艺及变形控制等方面进行了深入的研究，申请了相关专利，并制造出复杂的钛合金叶轮样件。西安交通大学也在电子束熔融直接金属成形，以及光固化成形等 3D 打印基础工艺方面有深入的研究，并自行研制了 LPS 系列用光固化树脂。不过，他们研发的树脂由于色泽、机械性能等较差，使用量很小。华中理工大学早在 20 世纪 90 年代初就与新加坡 KINERGY 公司合作，开发出基于分层叠纸式（LOM）快速成形技术的 Zippy 系列快速成形系统，并建立起 LOM 成形材料性能的测试指标和测试方法。

北京隆源自动成型系统有限公司是国内最早从事工业级 3D 打印设备研发的企业，董事长宗贵升博士 1993 年即主持研发了中国第一台商品化工业级 3D 打印设备，1994 年创立北京隆源自动成型系统有限公司，并和团队一起努力，坚持不懈地在中国航天航空、汽车、医疗、机械设备制造领域推广 3D 打印技术，使北京隆源成为 3D 打印行业二十多年持续专注运营的领军企业，倾力于开发金属、非金属激光成套装备及激光综合制造平台，同时致力于快速原型、激光智能制造的应用加工服务，是我国最早开发、生产、销售激光选区粉末烧结快速成型机（工业级 3D 打印）的企业。作为国内专业的大型 3D 打印（金属、非金属 SLM/LMD/SLS）技术、激光加工技术设备服务供应商，北京隆源通过拥有自主知识产权的 3D 打印、激光智能制造设备及产品、全面的工艺及雄厚的技术实力为用户提供金属 3D 打印、快速铸造、激光加工、塑料件加工等个性化的定制服务，加工服务用户遍布航空航天、汽车制造、石化、矿山、机械制造、船舶、军工、医疗、文化艺术等领域及研究院所和高校。

图 1-31 颜永年教授宗贵升董事长史玉升教授王华明院士

华中科技大学的史玉升团队在 SLS 方面有深入的研究，该校开发的 1.2m×1.2m 的"立体打印机"（基于粉末的激光烧结快速制造装备），是目前世界上最大成形空间的快速制造装备。西北工业大学的黄卫东团队采用 LENS 直接制造金属零件，并已成功地对航空发动机叶片进行了再制造修复。华南理工大学自 2004 年开始与北京隆源自动成型系统有限公司合作开展选区激光熔化金属成型技术的研发工作，后期开发的 SLM 制造设备 DiMetal-280，在特定材料的关键性能方面可以与国外同类产品相媲美，但在成型过程中稳定性控制、材料成分控制等方面与国外商品化设备还有一定的差距。中科院沈阳自动化研究所开展了基于形状沉积制造原理的金属粉末激光成形技术研究，并成功地制备出具有一定复杂外形且能满足直接使用要求的金属零件。沈阳航空航天大学激光快速成形实验室也进行了 MPLS 方面的研究，并开发出相应的可以加工成形全密度金属功能近成形零件的系统。该系统能加工零件的最大成形尺寸为 200mm×200mm×100mm，精度达到 0.1mm。

我国金属零件直接制造技术也有达到国际领先水平的研究与应用，例如北京航空航天大学、西北工业大学和北京航空制造技术研究所制造出大尺寸金属零件，并应用在新型飞机研制过程中，显著提高了飞机研制速度。北京航空航天大学在激光堆积成形技术成形大型钛合金件研究方面卓有成就。该校的王华

3D 打印基础教程与设计

明教授成功开发出大型整体钛合金主承力结构件激光快速成形工程化成套装备，并已成形出世界上最大的钛合金飞机主承力结构件，使我国成为世界上第一个，也是唯一一个掌握飞机钛合金大型主承力结构件激光快速成形技术并实现装机应用的国家。目前该技术已广泛应用于我国航空航天领域。

（三）我国 3D 打印企业发展概况

高校研究团队的相关研究成果往往是从事 3D 打印产业的各大公司的技术来源，为企事业提供技术支撑。国内比较著名的 3D 打印企业与高校之间的关系，及其从事 3D 打印产业的相关情况见表 1-1。

表 1-1 国内主要 3D 打印产业公司业务及其支撑科研团队

企业名称	技术支撑团队	3D 打印产业
北京太尔时代科技有限公司	清华大学颜永年团队	生产 FDM、SLA 工艺设备及光敏树脂、ABS 塑料打印材料
陕西恒通智能机器有限公司	西安交通大学卢秉恒团队	生产 SLA 工艺设备及光敏树脂打印材料
飞而康快速制造科技有限责任公司	英国伯明翰大学先进材料设计和加工研究室吴鑫华团队	高密度、高精度粉末冶金零件，各类新材料与复杂部件的研发、生产、销售
北京隆源自动成型系统有限公司	宗贵升团队	国内专业的大型 3D 打印（金属、非金属 SLM/LMD/SLS）技术、激光智能制造技术、设备、服务综合供应商
武汉滨湖机电技术产业有限公司	华中科技大学史玉升团队	生产 SLS、FDM、SLA、SLM、LOM 等工艺设备
上海富奇凡机电科技有限公司	华中科技大学王运赣团队	生产 SLS、FDM、SLA、SLM 等工艺设备
中科院广州电子技术有限公司	中科院广州电子技术研究所	生产 SLA 工艺设备
杭州先临三维科技股份有限公司	浙江大学 CAD&CG 国家重点实验室	从事打印服务，扫描、打印设备销售及打印材料研发
西安铂力特激光成形技术有限公司	西工大黄卫东团队	高性能致密金属零件的制造及修复
中航激光成形制造有限公司	北航王华明团队	金属零件打印服务
杭州捷诺飞生物科技股份有限公司	徐铭恩团队	开发面向生物医学领域的 3D 打印设备、材料和软件，为再生医学、组织工程、药物开发和医疗辅具等生物医学领域提供新的技术解决方案，为开发突破性的治疗手段提供技术可能。
湖南华曙高科技有限公司	许小曙团队	生产 SLS、SLM 等工艺设备
江苏永年激光成形技术有限公司	清华大学颜永年团队	激光选区熔化 SLM 设备、激光熔覆沉积成形 LCD 系统集成和金属 3D 打印应用及服务。
蓝光投资控股集团有限公司	杨镗为代表	"3D 生物打印＋生物医药"为创新支柱产生物打印＋生物医药"为创新支柱产业

目前，国内从事 3D 打印产业的企事业单位根据其主要从事的 3D 打印产业内容大致可分为 3 类：主要打印材料研发的上游公司、相关打印设备研发与销

售的中游公司，以及 3D 打印服务的下游公司。

另外，据悉，其他各大公司如广西玉柴、海尔集团，以及浙江的万向、吉利、众泰、海康威视、苏泊尔等大企业，也都已经利用 3D 打印技术进行新产品研发，以期利用先进技术提高自己产品的竞争力。

（四）我国 3D 打印发展存在的问题

在技术研发方面，我国 3D 打印装备的部分技术水平与国外先进水平相当，但关键器件、成形材料、智能化控制和应用范围等方面落后于国外先进水平。我国 3D 打印技术主要应用于模型制作，在高性能终端零部件直接制造方面还具有非常大的提升空间。例如，在增材的基础理论与成形微观机理研究方面，我国在一些局部点上开展了相关研究，但国外的研究更基础、系统和深入；在工艺技术研究方面，国外是基于理论基础的工艺控制，而我国则更多依赖于经验和反复的试验验证，导致我国 3D 打印工艺关键技术整体上落后于国外先进水平；材料的基础研究、材料的制备工艺以及产业化方面与国外相比存在相当大的差距；部分 3D 打印工艺装备国内都有研制，但在智能化程度与国外先进水平相比还有差距；我国大部分 3D 打印装备的核心元器件还主要依靠进口。

目前，我国 3D 打印产业处于起步阶段，影响 3D 打印产业快速发展的问题如下：

1）缺乏宏观规划和引导。

3D 打印产业上游包括材料技术、控制技术、光机电技术、软件技术，中游是立足于信息技术的数字化平台，下游涉及国防科工、航空航天、汽车摩配、家电电子、医疗卫生、文化创意等行业其发展将会深刻影响先进制造业、工业设计业、生产性服务业、文化创意业、电子商务业及制造业信息化工程。但在我国工业转型升级、发展智能制造业的相关规划中，对 3D 打印产业的总体规划与重视不够。

2）对技术研发投入不足。

我国虽已有几家企业能自主制造 3D 打印设备，但企业规模普遍较小，研发力量不足。在加工流程稳定性、工件支撑材料生成和处理、部分特种材料的制备技术等诸多环节，存在较大缺陷，难以完全满足产品制造的需求。而占据

3D 打印产业主导地位的一些美国公司，每年研发投入占销售收入的 10% 左右。目前，欧美一些 3D 打印机企业依托其技术优势，正加紧谋划拓展我国市场。我国对 3D 打印技术的研发投入与美国有较大差距，占销售收入的比重很少。

3）产业链缺乏统筹发展。

3D 打印产业的发展需要完善的供应商和服务商体系和市场平台。在供应商和服务商体系中，包含工业设计机构、3D 数字化技术提供商、3D 打印机及耗材提供商、3D 打印设备经销商、3D 打印服务商。市场平台包含第三方检测验证、金融、电子商务、知识产权保护等支持。而目前国内的 3D 打印企业还处于"单打独斗"的初级发展阶段，产业整合度较低，主导的技术标准、开发平台尚未确立，技术研发和推广应用还处于无序状态。

4）缺乏教育培训和社会推广。

目前，我国多数制造企业尚未接受"数字化设计"、"批量个性化生产"等先进制造理念，对 3D 的议案这一新兴技术的战略意义认识不足。企业购置 3D 打印设备的数量非常有限，应用范围狭窄。在机械、材料、信息技术等工程学科的教学课程体系中，缺乏与 3D 打印技术相关的必修环节，还停留在部分学生的课外兴趣研究层面。

第二章　3D打印成型工艺及技术

2.1 熔融沉积成型（FDM）

2.1.1 FDM技术的工艺原理

3D打印技术起源于上世纪80年代，但无论是技术应用还是产品的设计初衷，都是集中在工业制造领域，这些3D打印机动辄数百公斤的重量，几十万到数百万的价格，让普通的消费者或小型公司和设计工作室都望尘莫及。但随着产品设计研发周期不断缩短，越来越多的具有DIY精神的极客、创客出现，伴随着3D打印技术的不断成熟与多元化，人们对于一款可放置在办公桌上、结构紧凑小巧，造价相对低廉，操作维护简便的桌面式3D打印机的需求越来越迫切。

FDM是"FusedDepositionModeling"的简写形式，即为熔融沉积成型，这项3D打印技术由美国学者ScottCrump于1988年研制成功。FDM通俗来讲就是利用高温将材料融化成液态，通过打印头挤出后固化，最后在立体空间上排列形成立体实物。FDM机械系统主要包括喷头、送丝机构、运动机构、加热工作室、工作台5个部分（如下图2-1）。熔融沉积工艺使用的材料分为两部分：一类是成型材料，另一类是支撑材料。

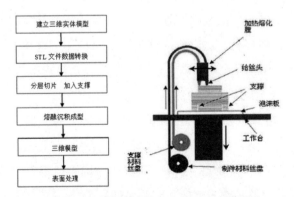

图2-1 FDM成型流程图、FDM系统模型图

将低熔点丝状材料通过加热器的挤压头熔化成液体，使熔化的热塑材料丝通过喷头挤出，挤压头沿零件的每一截面的轮廓准确运动，挤出半流动的热塑材料沉积固化成精确的实际部件薄层，覆盖于已建造的零件之上，并在 1/10s 内迅速凝固，每完成一层成型，工作台便下降一层高度，喷头再进行下一层截面的扫描喷丝，如此反复逐层沉积，直到最后一层，这样逐层由底到顶地堆积成一个实体模型或零件。

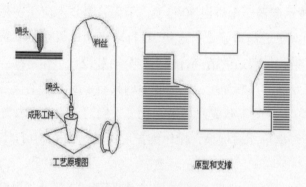

图 2-2 FDM 工艺原理图

FDM 成形中，每一个层片都是在上一层上堆积而成，上一层对当前层起到定位和支撑的作用。随着高度的增加，层片轮廓的面积和形状都会发生变化，当形状发生较大的变化时，上层轮廓就不能给当前层提供充分的定位和支撑作用，这就需要设计一些辅助结构——"支撑"，以保证成形过程的顺利实现。支撑可以用同一种材料建造，现在一般都采用双喷头独立加热，一个用来喷模型材料制造零件，另一个用来喷支撑材料做支撑，两种材料的特性不同，制作完毕后去除支撑相当容易。送丝机为喷头输送原料，送丝要求平稳可靠。送丝机和喷头采用推－拉相结合的方式，以保证送丝稳定可靠，避免断丝或积瘤。

（一）FDM 快速成型工艺的优点：

1）成本低。熔融沉积造型技术用液化器代替了激光器，设备费用低；另外原材料的利用效率高且没有毒气或化学物质的污染，使得成型成本大大降低。

2）采用水溶性支撑材料，使得去除支架结构简单易行，可快速构建复杂的内腔、中空零件以及一次成型的装配结构件。

3）原材料以卷轴丝的形式提供，易于搬运和快速更换。

4）可选用多种材料，如各种色彩的工程塑料ABS、PC、PPS以及医用ABS等。

5）原材料在成型过程中无化学变化，制件的翘曲变形小。

6）用蜡成型的原型零件，可以直接用于熔模铸造。

7）FDM系统无毒性且不产生异味、粉尘、噪音等污染。无建立与维护专用场地的费用，适合于办公室设计环境使用。

8）材料强度、韧性优良，可以装配进行功能测试。

（二）FDM快速成型工艺的缺点：

1）原型的表面有较明显的条纹。

2）与截面垂直的方向强度小。

3）需要设计和制作支撑结构。

4）成型速度相对较慢，不适合构建大型零件。

5）原材料价格昂贵。

6）喷头容易发生堵塞，不便维护。

（三）FDM快速成型技术的应用：

FDM快速成型机采用降维制造原理，将原本很复杂的三维模型根据一定的层厚分解为多个二维图形，然后采用叠层办法还原制造出三维实体样件。由于整个过程不需要模具，所以大量应用于汽车、机械、航空航天、家电、通讯、电子、建筑、医学、玩具等产品的设计开发过程，如产品外观评估、方案选择、装配检查、功能测试、用户看样订货、塑料件开模前校验设计以及少量产品制造等，也应用于政府、大学及研究所等机构。传统方法需要几个星期、几个月才能制造的复杂产品原型，采用FDM成型法无需任何刀具和模具，瞬间便可完成。

2.1.2 FDM技术成型质量影响因素及处理方法

翘边

图 2-3 FDM 模型翘边图

图中金字塔前面的角翘起。

●问题：模型底部一个或多个角翘起，就无法水平附着于打印平台，导致顶部结构出现横向裂痕。

●原因：翘边是常见问题，由于第一层塑料因冷却而收缩，模型边缘因此而卷起。

●处理方式：使用加热打印床，使塑料保持温度，不至于固化——称为"玻璃化转变温度"。第一层材料可平坦地附着于打印床。在打印床上均匀地涂上薄薄一层胶水，增加第一层材料的附着力。确保打印床完美水平。可能需要增加垫子结构，来加固打印平台的粘着力。即使打印机有加热床，还是建议用胶水，并且调平打印床。

大象腿

图 2-4 FDM 模型底部的凸起

图中不易察觉：底部的凸起。

●问题：模型底部（即第一层）比设计的尺寸宽。

●原因：为了避免翘边，用户常常会压扁第一层材料。这容易使底部突出，因此成为"大象腿"。也可能随着模型重量的增加而对第一层材料形成挤压，如果此时底层还未固化（尤其是打印机有加热床的情况下），就可能形成此问题。

●处理方式：要想同时避免翘边和大象腿，有点难。为了尽可能减少模型底部的突起，建议调平打印床，打印喷头略微远离打印床（但不要太远，否则模型就无法粘附了）。此外，略微降低打印床温度。

如果是自己设计的3D模型，在模型的底部挖个小倒角。从5毫米和45度的倒角开始试验，直至最理想的效果。

第一层的其他问题

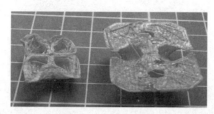

图 2-5 第一层不平（右图）；由于底部太小而翘边（左图）

●问题：第一层材料粘附不理想，因此有些结构出现了松散。底部出现了不需要的材料线。

●原因：这是打印床没有调平的典型案例；如果喷嘴离打印床太远，底面就会出现不需要的线条，或者第一层无法粘附；如果喷嘴靠得太近，就会结块。此外，打印床要尽可能干净。打印平台的指纹印可能会影响第一层的粘附。

●处理方式：使用打印机软件，重新调平打印平台；清理打印平台上的指纹印；打印前涂上薄薄一层胶水。

底部结构收缩

●问题：模型底部零部件凹陷。

●原因：加热床温度过高。

加热挤出后的塑料像橡胶一样：先展开，然后冷却收缩。打印床的热度只能传递到一定高度（取决于温度）。此高度以下的塑料保温和可延展时长超过了上方的塑料材料。因此，受上层重量的挤压，底部凹陷。

●处理：降低打印床热度。有些打印机的打印床默认温度是75℃，然而PLA材料的最佳温度是50-60℃。此外，打印机内低处的冷却风扇全速转动。打印小型模型时，建议一次打印两份或者同时打印两件不同的模型。如此一来，打印头在每一层停留的时间就会延长。打印底座大的模型时，不要降低打印床温度，否则，容易翘边。

倾斜的打印件 / 层错位

图 2-6 FDM 模型倾斜的打印件 / 层错位

●问题：上层移位。

●原因：X 或 Y 轴的打印头不易移动；X 或 Y 轴没有对齐，也就是说没有构成 100% 的直角；有滑轮没有固定到位。

●处理方式：

关掉打印机电源，徒手试试是否能轻松移动各轴。如果感觉僵硬，或者某个方向更易 / 较难移动，那么在轴上抹一滴缝纫机油。

为了检查各轴是否对齐：向打印机左侧和右侧移动打印头，检查滑块间距、两边的滑轮。重复此步骤，检查打印机前后。如果存在未对齐的情况，松开有问题的滑轮螺丝。略微推动滑块，对齐轴，然后紧固螺丝。另一轴重复上述步骤。

检查滑轮的螺丝是否紧固。需要的话，进行加固。

层未对齐

图 2-7 FDM 模型层未对齐

●问题：模型中间的一些层出现位移。

●原因：打印机皮带没有紧固；顶板没有加固，围绕底板摇晃；Z 轴有一根杆不够直。

●处理：检查皮带，根据需要进行加固；检查顶板，根据需要进行加固；检查 Z 轴杆，更换不直的杆。

7）丢失层

●问题：由于跳过了某些层，导致存在间隙。

●原因：由于某些原因，打印机未能在本该打印的层提供所需的塑料材料。这就称为（临时）未挤出。可能细丝（比如直径有差异）、细丝卷、送丝轮存在问题或者喷嘴堵塞。打印床摩擦造成了暂时性的卡死。这是由于垂直杆没有完全与线性轴承对齐。Z 轴杆或轴承存在问题：杆歪曲、脏或抹油过度。

●处理：找到杆和轴承的问题，并解决。比如，如果油太多，那就擦掉。如果怀疑杆和轴承没有对齐，查阅打印机用户指南，了解矫正方式。找到未挤出的原因会比较难。检查细丝卷和送丝系统。打印测试，看看问题有没重现——这有助于找到问题。

高个模型出现裂痕

●问题：侧面出现裂痕。此问题在高个模型中尤其多见。

●原因：顶部材料比底部材料降温快——因为加热床的温度无法传递至高处。因此，顶部材料的黏合度降低。

●处理：提高挤出机温度——最好提高 10℃。打印床温度提高 5-10℃。

9）下陷

图 2-8 FDM 模型下陷

●问题：上表面出现凹陷，甚至有洞。

●原因：通常是由于冷却存在问题。上表面不够厚实。

●处理：打印上表面时，将冷却风扇设置为最高速。确保上表面至少有 6 层厚度。

10）拉丝

图 2-9 FDM 模型拉丝

●问题：模型零部件间出现不需要的塑料丝。

●原因：打印头在非打印状态下移动时，打印头滴落部分细丝。

●处理：大多数打印机都有回缩功能。启动此功能后，在非打印状态下移动打印头前打印机就会缩进细丝。这样就不会有多余的塑料材料从打印头滴落，形成拉丝了。确保在分层软件中启动此功能。

2.1.3 FDM 技术的成型材料

FDM3D 打印技术主要的使用材料为 ABS（AcrylonitrileButadieneStyrene 丙烯腈、丁二烯和苯乙烯的共聚物）和 PLA（PolylacticeAcid 生物降解塑料聚乳酸）。

ABS 工程塑料：

ABS 塑料具有优良的综合性能，其强度、柔韧性、机械加工性优异，并具有更高的耐温性，是工程机械零部件的优先塑料。

ABS 塑料的缺点是在打印过程中会产生气味，而且 ABS 的冷收缩性，在打印过程中模型易与打印平板产生脱离。

PLA 工程塑料：

PLA 塑料是当前桌面式 3D 打印机使用最广泛的一种材料，PLA 塑料是生物可降解材料，使用可再生的植物资源（如玉米）所提出的淀粉原料制成。

图 2-10 FDM 材料

2.1.4 FDM 技术的后处理

FDM 打印机打印的模型，一般需要进行后期处理，进行去支撑、打磨、抛光等工序，对模型表面以及细节进行处理，使模型更加完美。

如何去支撑？以 3D 打印产品胡巴为例，操作方法如下：

图 2-11 胡巴模型、后处理工具斜口钳（水口钳）、卡簧钳

斜口钳特点：十分锋利，可以剪短支撑；卡簧钳特点：头尖，强度高，像镊子（左边开口、右边闭口），拆支撑前先处理掉支撑与模型连接的部分，侧面的支撑一般比较不容易伤到模型。

图 2-12 斜口钳剔除毛刺

用此种方法去除周围的支撑仅仅需要一分钟时间，其余的小支撑，可以继续用卡簧钳去除，也可以用模型专用的刮刀，慢慢把它剔除干净。通过基本处理后得到一个表面相对较粗糙的模型。

图 2-13 基本处理完以后表面尚粗糙的胡巴模型

如果拆支撑导致模型破损，该如何处理呢？方法很简单，用502粘合好。如果粘合完毕发现截面或者接口的地方不够平整，可以使用田宫的补土（图2-14左）或者是汽车底漆修补的原子灰（图2-14右）。前者价格昂贵，后者价格实惠，但操作繁琐，味道大。

图 2-14 田宫的补土、原子灰

经过之前的操作，模型的大型已经出现了。但模型还是有一层一层的纹理。接下来说一下模型表面的抛光处理方式：一种是机械（物理）处理，一种是化学处理。

化学处理，通过溶剂，让表面高低的纹理变平。如 PLA，我们用三氯甲烷或二氯甲烷，此类物质属于有毒化学品，购买困难，但亚克力胶水、3D 打印抛光液购买方便，见图2-15。

图 2-15 亚克力胶水、3D 打印抛光液

注：图中两种药品成分相同，左边的价格经济实惠7-8元，右边价格昂贵为30-40元，药水是有毒害性，一定要在通风的环境下去使用，配带防毒面具。

图2-16胡巴模型是经过溶剂浸泡,效果非常好,光滑度较好,类似陶瓷制品。但缺点是，如果浸泡、熏蒸时不区分模型不同之处，将会导致细节丢失。胡巴模型中鼻子、头发、脚趾等细节部分，在操作过程中是需要考虑尽量避免细节

丢失。

图 2-16 被溶液浸泡过的胡巴模型

在后期操作处理过程中为避免细节丢失，可以采用一些适当的方法遮蔽这些部位。经过多次实验研究表明，浓肥皂水可以达到这个目的，在后期比较好去除。

图 2-17 经过多次研究后，效果较好地抛光工具。

图 2-17 抛光工具

采用 PLA 打印的产品表面会有一层比较硬的材料层，抗磨性很好，但是后期处理时对处理工具要求高。图 2-18 中胡巴模型，打印采用浅色材料，平整性难以辨别，处理时可以先打上一层水补土，在进行缺陷辨别。

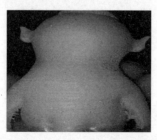

图 2-18 经过一层水补土的胡巴模型

图 2-19 为水补土喷罐，干燥的速度快于一般补土，并且具有很好的附着力。

图 2-19 水补土喷灌

打上水补土后，很多缺陷就出来了。再用砂纸去打磨，凸出来的地方就会被磨掉。然后凹进去的地方就还是会有水补土，再通过多次的上色、打磨，最后会呈现一种比较理想的结果。

图 2-20 经过多次上色、打磨后的胡巴模型

这种打磨工具比砂纸更适合曲面的模型，贴合程度更优。如图 2-21，3M 比较耐用，但价格昂贵，约为右边打磨工具的 5 倍，可以根据要求自行选择。

图 2-21 海绵砂和海绵砂块

笔刀针对于比较小的模型的细微之处进行刮擦。曾经使用手术刀代替笔刀

进行模型处理，但是手术刀强度比较差，刀刃长，刀柄细，很难起到刮擦的效果，是无法代替笔刀的。

图 2-22 笔刀

笔刀可以处理模型凹进去的地方，比如胡巴的脖子，处理效率高。

图 2-23 什锦小锉刀

除了常规的使用方法，还可以将砂纸剪成条状的，环绕在一些圆柱形的模型周围进行打磨，效果更好。如图 2-24：

图 2-24 各种目数的砂纸

但对于 PLA 的材料来说，砂纸的实用效果较差。而打磨笔转速很高，而且颗粒比较细，所以温度比较高，但 PLA 不耐高温，这一笔下去 PLA 就会化。

图 2-25 充电式的打磨笔

2.1.5 FDM 技术的应用方向

3D 打印是一项重要的制造工艺，能制造出复杂的外观。然而，就像微波炉无法取代其他烹饪工具一样，3D 打印也不会完全取代其他生产制造技术，它将作为一种制造技术对传统生产方式进行补充和完善，在未来的发展中大发异彩。FDM 技术是 3D 打印技术中较为简单的一种，也最为普及。由于 FDM 原理的限制，虽然不能随心所欲地打印出想要的模型，但较传统加工工艺而言，有了很大的突破。以下仅为 FDM3D 打印技术在部分领域中的应用：

制造业

FDM 的优点是材料种类多、成本低、利用率高且工艺简洁。缺点是制造精度低；过于复杂构件不易制造，悬空区域需加支撑；表面质量较差。该工艺适合于产品的概念建模、形状和功能测试、中等复杂程度的中小原型，不适合制造大型零件。虽然 FDM 打印机产品直接应用于制造业的场合并不多，但在模型验证阶段与外观设计阶段通过 FDM 打印可以迅速得到样品。

医疗

与医疗相关，有生物 3D 打印机等众多 3D 打印技术。就 FDM 而言，在医疗领域主要作用为医学模型的打印，低成本假肢的打印等。

图 2-26 3D 打印假肢

例如专门为残疾人提供 3D 打印假手的公益性团体 E-Nable（http://

enablingthefuture.org/）E-Nable 在 2014 年发布了自己的"Hand-o-matic"软件，使用这款软件，任何拥有 3D 打印机的普通人，只需将具体尺寸数据输进去，都可以 3D 打印出他们所需要的假手。该假手虽然功能并没有很强大，但是成本低、制造迅速的优点难能可贵。该团体的开源精神也值得提倡，科技的发展就应该以人为本。

教育

越来越多的学校采购 3D 打印机，并开设相关课程，也有不少培训机构开始 3D 打印培训。让青少年涉猎 3D 打印可以增强他们的动手能力与想象力，充分体现了 3D 打印的意义。

图 2-273D 打印机器人

在高校中，机械、建筑、工业设计等专业通过 FDM 打印制作作品的需求日益增加。3D 打印虽然不能代替传统制造技术（至少目前无法代替），但成为了一个逐渐壮大的行业，3D 打印教育可以促进技术人才的培养。

生活

随着消费者对个性化定制需求的与日俱增，3D 打印摆件、饰品，个性化定制（浮雕灯、特色 U 盘）慢慢走向消费者。

图 2-28 3D 打印特色 U 盘、浮雕灯

生活中其他应用，如食品打印与 3D 照相

食品打印机原理：通过一个加热的平底铁板，将鸡蛋面粉的浆液放入一支笔筒中，然后通过加气压让笔筒里面的浆液随曲线流出形成图案。巧克力、饼干、雪糕、咖啡等打印机也是类似的原理。由于在竖直方向上并未运动，虽然成型出立体的作品但严格来讲并非 3D 打印。

图 2-29 食品打印机

3D 照相馆，扫描仪结合 FDM 打印机的低成本 3D 照相曾经火了一把。简述流程：一般先通过扫描仪扫描得到客户的三维数据。然后对数据进行修复、优化。接着导出后通过 FDM 打印机进行打印。最后进行后处理，抛光与上色。较石膏彩打而言，后期处理工序更繁杂，但相对设备成本更低，产品色泽更鲜艳、表面更光滑。当然也有使用其他 3D 成型技术制作人像，如光固化打印等。

2.1.6 FDM 技术的成型设备

（一）国外 FDM3D 打印设备介绍

① Solidoodle

图 2-30 Solidoodle 打印机及打印模型

这款 Solidoodle，正如它的名字所暗示的那样，相当扎实（注：Solid 在英文中有结实之意）。封闭型机身使得它运行起来十分安静。打印床面积为 20×20

厘米，可以打印的产品高约为20厘米。打印机的默认打印模式是ABS材料，可以通过软件将打印材料改为PLA。打印床的水平可以通过3个蝶形螺母调节（三个螺母两个在前，一个在后）。

这款3D打印机的操作十分简单。只有一个挤出机和一个打印线轴，线轴安装在机器后面。把3D打印长丝伸到挤出机中，然后将小横杆向下推，卡住长丝，并将其送入喷嘴。挤出机的控制器被密封在一个塑料盒子，以防止它过热。还有一个风扇起冷却作用。

Solidoodle4使用的是RepetierHost软件，这是一款针对RepRap式3D打印机的开源解决方案。这个软件的界面看起来颇有Windows95的风格。采用四向控制模式来移动打印头，还有几个按钮来控制电机和手动加热系统。打印时需提前启动加热系统。如果打印床不是完全水平，那么挤出的长丝要么在表面上挤成一堆，要么松松的粘不到一起。

② Fablicator

Fablicator是一个全新的FDM桌面级3D打印机，与市场上其他FDM打印机不同的是，这是一个相当精确，稳固，多才多艺的快速原型机，满足了设计师、工程师和发明家的需求。该打印机经过了厂家完全的组装和校准。此外，所有必要的接口软件都是预加载的，可以立即开始打印。由于Fablicator包括一个完整的WindowsPC，安装首选的CAD程序，并且可以从一个地方设计、编辑和打印作品，成为解决办公室、实验室或工厂的一个真正完整的turnkey3D原型解决方案。

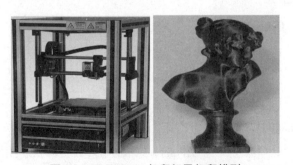

图2-31 Fablicator打印机及打印模型

③ GermanRepRap

德国 3D 打印机制造商，GermanRepRap 公司宣布：他们将把其最新的 NEO3D 打印机的销售范围扩大到美国和英国市场。这款 3D 打印机已经在德国销售了数月，一直受到不少正面评价。它具有快速打印能力，并且打印尺寸也比较大。

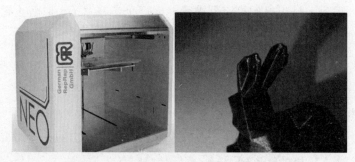

图 2-32 GermanRepRap 打印机及打印模型

GermanRepRap 新款 3D 打印机的技术规格：

外形尺寸：330×330×330 毫米

重量：约 6 公斤

最大打印尺寸 (X/Y/Z 轴)：150×150×150 毫米

材料：1.75 毫米 PLA

最大挤出机温度：265℃

速度：约 15 毫米 3/ 秒

层厚：0.1 毫米

喷嘴口径：0.3/0.4/0.5 毫米

定位精度：+/-0.1 毫米

消耗功率：约 50W

电压：230V

④ Eventorbot

Eventorbot，是要建立一个刚性的，低成本的 3D 打印机。使用更少的零件，组装容易，并能自我复制其部分。它是 100% 的开源项目，所有计划都适用于任何有兴趣的人。有了一个坚实的钢架，它消除了 40% 的部分成本，使得它更容易、实惠的被每个人拥有。

图 2-3 3Eventorbot 打印机

Eventorbot 产品规格

打印部分：37

非打印部分：2.5 "方钢框架（16gauge/1.5mm/.0598"厚）

印刷尺寸：152×152×152（毫米）

精密：0.1mm–0.5mm 的喷嘴

⑤ Deltamaker

DeltaMaker 是一款优雅、简洁和对称的 3D 打印机，外观像一个精致的沙漏。DeltaMaker 拥有更大的成型尺寸而且打印速度更快。与传统的 3D 打印机相比，DeltaMaker 这样的设计可以让打印的模型在高速打印的同时仍能保证相当高的分辨率。

图 2-34 DeltaMaker 打印机及打印模型

⑥ CodeP–West

CodeP-WestBV 是一家荷兰公司，专门开发和制造精密机械和电子元件，并且已经积累了 10 年经验。现在，CodeP-WestBV 公司又推出了一款新的桌面 3D 打印机：3DBuilder。这款 3D 打印机 3DBuilder 硬件方面含有一个钢框架，内置数控机、挤出机和引导块。软件方面采用开放源码软件 Pronterface 和 Cura。

3D 打印机 3DBuilder 的详细规格：

打印空间：250×250×250 毫米

分辨率：0.15 毫米

打印材料：PLA1.75 毫米

功率：120w

挤出机：一个

重量：16kg

打印机尺寸：385×370×400 毫米

图 2-35 3D 打印机 3DBuilder 及打印模型

⑦ Ultimaker

Ultimaker 由三位来自荷兰的年轻 Maker 共同开发的。相比较 MakerBot，Ultimaker 具有更高的速度，更高的性价比，可打印更大的尺寸，同时还是一个开源的 3D 打印机。Ultimaker 也是使用 ASB 塑料或 PLA 塑料来制作产品的，属于 FDM 型打印机。但 Ultimaker 公司表示，如果使用植物制作而成的 PLA 塑料进行打印，速度更快，而且更加稳定。Ultimaker 和 Makerbot 的不同之处在于，Makerbot 是依靠平台的移动来进行打印的，而 Ultimaker 则是依赖喷头的移动（当然这里指的是最初的几代 Makerbot，现在此类新设计已经被很多其他厂商吸收），相比较之下，Ultimaker 的喷头更为精巧，且重量很轻。此外，Makerbot 的马达是安装在可动零件上的，但是 Ultimaker 则是在打印机的框架之上，由此打印机可以得到更好的稳定性以及更大的打印尺寸。

图 2-36 Ultimaker 打印机

⑧ Makerbot

Makerbot3D 打印机是根据计算机中的空间扫描图，将原料喷涂在多个塑料薄层上，最终形成精准率极高的立体实物，他们被知名科技媒体 SAI 评为"20家最具创新力的科技公司"之一。Makerbot 的使用方式是通过 CAD 软件来创建物品，也可以从 MakerBot 的 1 万多种现成物品中选择，比如浴帘环、眼镜框、微缩建筑等等，然后 MakerBot 只需花几分钟的时间就可以把它们打印出来。

图 2-37 Makerbot 打印机

国内 FDM3D 打印设备介绍

① TierTimeUPPlus2

UPPlus23D 打印机是将电脑与打印机通过一根 USB 线连接，把已有的三维数字模型（STL 格式）文件载入到我们的 UP 打印软件当中，简单设置参数后点击"打印"，数据传输到机器的内存卡当中并指令开始运行。开始打印时 ABS

丝材从高温的喷头中均匀挤出，同时喷头与平台配合移动和升降，由低到高、由面到体，逐渐堆积成为模型实体。UPPlus2 的打印精度是 0.15–0.4mm，也就是说模型在逐层堆叠时每层的厚度可以达到 0.15mm，层厚越小表面就越光滑，精度就越高。在 0.15–0.4mm 之间，用户可以根据模型需求选择适当的精度来打印。

图 2–39 TierTimeUPPlus2

② 3DTALKMini–L

设备特点：

WiFi 链接，支持多人远程访问与操控

机身采用黄金分割，提升设备的稳定性

可拆卸打印平台

独特的挤出机远端送丝结构

强大的内"芯"

噪音小、定位准

直接的人机交互体验

特有专利打印头模块

图 2-42 3DTALKMini-L 打印机

③弘瑞（HORI）

弘瑞多年来专注于 FDM 式 3D 打印机，拥有雄厚的研发和生产能力，自主研发了多项新型实用专利技术。弘瑞 3D 打印机格外注重机器的工作稳定性、耐用性，以及连续高强度工作的精度一致性，从严谨的设计开发到装配标准流程，以及高标准的配件选购，无不贯彻这一根本思想。该款设备分辨率可达 0.05mm，打印模型纹理细腻光滑，打印公差在千分之一到千分之五，是一款具有较高性价比的桌面级 FDM 打印机。

图 2-40 弘瑞 FDM3D 打印机

④闪铸科技 Dreamer

塑料合金机身，整体简洁大气，适合企业、设计院及教育机构使用。

透明亚克力前门，磁铁吸扣，可实时观察打印状态。

3.5 英寸全彩触摸屏控制实现"傻瓜式"操作，更可即时预览模型缩略图。

支持 SD 卡、USB 线及 WIFI 连接。

全中文操作界面、操作更随心。

耗材内置设计，打印过程中可烘烤耗材，避免受潮。

图 2-41 闪铸科技 Dreamer 打印机

⑤ MBot

杭州铭展网络科技有限公司是中国第一家 3D 打印服务公司。公司成立于 2009 年，致力于成为国内最领先的 3D 打印服务商，为企业提供一体化综合解决方案，快速、精确、真实的将设计转变成实物。铭展基于开源 3D 打印机研发制造出 MBot 个人 3D 打印机系列，Mbot 的目标是批量生产的经济型家用打印机，方便设计师，工程师，科技人员甚至是普通爱好者的使用。铭展是美国 3DSystems 公司 ProJet 产品系列、Cube/CubeX 系列的中国地区授权代理商，同时还是美国 NextEngine 公司 3D 扫描仪大中华地区独家合作伙伴。

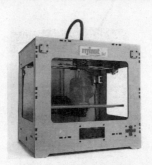

图 2-38 MBot3D 打印机

2.1.7 FDM 技术问题及解决办法

（一）打印开始的时候不挤出

挤出机在开始打印前没有完成加载：

绝大多数挤出机在高温空闲时都有漏塑料的弊端。喷头内的热塑料有从尖头渗出的趋势，渗出的塑料将在喷头内部形成一段空白，这种空闲渗出会发生在打印的开始阶段第一次预热挤出机时，也有可能发生在打印结束挤出机缓慢冷却的阶段。如果挤出机因为渗漏而损失部分塑料，下次挤出的时候，就很有可能要数秒钟后才会有塑料从喷头出来。再次使用有渗出的挤出机，必须注意相应的挤出延时。解决这个问题的方法是打印开始前确保挤出机装载好了，喷嘴里头的塑料是满的随时可以挤出。如果需要额外装载，可以通过设置外围线数来增加装载的量。有些使用者也喜欢在开始打印前用液晶屏控制手动让机器挤出耗材。

喷头开始的时候贴热床太紧：

如果喷头里构建表面太近，供塑料从挤出机出来的空间就不够。喷嘴尖上的孔基本被堵死，没有塑料可以流出来。这个问题很容易识别，如果头两层没有挤出，但是随着热床沿Z轴下降从第三或第四层开始挤出正常了，就是这个问题。解决问题，可以调整Z轴零点，使喷头到热床的距离合适。

耗材被送丝轮剥豁了：

大部分3D打印机使用一个小齿轮推着耗材前后动作。这个齿轮的齿咬入耗材，从而使其能够精确控制耗材的位置。但是如果发现很多塑料刨屑或者耗材有部分缺失，那么就有可能是送丝齿轮刮下来太多塑料。一旦发生这种情况，送丝齿轮就没有抓住任何东西供其驱动耗材前后运动了。

挤出机堵塞了：

如果以上建议都没有能够解决问题，那很有可能就是挤出机堵塞了。可能是异物碎屑卡到喷嘴里头了，或是由于塑料在喷嘴停留太久或挤出机散热不良导致的耗材在希望的熔化区外变软了导致的。修复堵住的挤出机，可能会需要拆开挤出机，所以在动手前请联系一下打印机制造商。使用吉他用的"E"弦来疏通喷头还蛮有效的，当然制造商也会给一些建议的。

（二）打印粘不住热床

打印平台水平度不够

很多打印机包含了一个可调整的热床，通过热床上带的几个螺丝或旋钮可以调整热床的位置。如果打印机有个可调整的热床同时碰到了首层粘不住的问题时，首先应该确认热床是否平整和水平。如果热床不水平，意味着其一边离喷嘴太近,同时另一边就会太远。获得完美的首层打印效果需要一个水平的热床。

喷嘴开始的时候离热床太远

即使热床已经调平,还需要确认喷嘴在距离构建平台恰当位置开始工作,既不能太远也不能太近。为了良好的粘连在构建平台上,耗材必须是轻微的挤压到构建台上的。与通过改变硬件来调整这些参数比,部分 3D 打印机的"Z 轴零点微调"功能会要容易并且精确得多。只需要点击"Z 轴零点微调"菜单,就可以对喷嘴位置作十分精细的调整。

第一层打印太快

当构建台顶上挤出第一层塑料时,在开始下一层以前,必须确保这一层良好的附着在表面上了。如果首层打印太快,塑料可能会来不及很好的附着在平台表面。因此,降低首层的打印速度以获取充分的附着时间是非常有效的。

温度设置

从高温到低温塑料会收缩。例如,脑海中构造一个用 ABS 打印的 100mm 宽度的部件。如果挤出机在 230℃条件下加工这个部件,但是构建台是冷的,这就意味着塑料离开喷嘴后将快速冷却。一些打印机也配置了散热风扇,如果使用就会加速这个冷却过程。如果这打印机降到室温 30℃,这个 100mm 的部件将收缩将近 1.5mm。然而,构建台因为温度相对恒定,收缩程度较小。因此,冷却时塑料件会趋于从构建台分离。很多打印机在打印 ABS 这类高温材料时都会配置热床来克服这些问题。如果热床将整个加工过程保持在 110℃,那么首层会保持温度而不收缩。如果打印机有热床,可以尝试加热避免首层冷却。通常,PLA 设置为 60–70℃会附着比较好,ABS 为 100–120℃。

(三)挤出塑料不足

耗材直径不对

在打印机的"基本"页面可以看到"耗材直径"这个设置值。检查此值与所买耗材值一致。为确保输入到软件里头的参数准确无误可以用卡尺测量一下耗材的直径。最常见的耗材直径是 1.75mm 和 2.85mm,另外,大部分成卷耗材的包装上会标注正确的直径。

调大挤出倍率

如果耗材直径正确，但是仍然能够看到欠挤出问题，那么应当调整挤出倍率。在"基本"页面上"流量"这个设置。打印机上的每一个挤出机都有一个独立的挤出倍率，所以在使用该参数时确认在左边的列表里选定的是相应的挤出机。

塑料挤出量过大

软件与打印机持续协同工作确保喷嘴挤出的塑料数量是正确的。精确的挤出量是获得好的打印质量的重要因素。但是绝大部分的3D打印机没法监控塑料的实际挤出量。如果挤出设置不适当，打印机将挤出比预期更多的塑料。过挤出所引起的超量的塑料会毁坏打印件的外部尺寸。请参看挤出不足部分的详细描述。欠挤出的时候调整指令用到的参数，在过挤出的时候一样使用，只是调整方向相反便是。

（五）拉丝或渗漏

拉丝，又称渗漏、挂须或起毛，指的是打印完后打印件上留下许多塑料细丝。主要由于在挤出机移至新的位置的时候喷嘴有塑料渗漏出来所导致。最常用的处理多余牵丝的设置就是回抽。回抽开启时，当挤出机完成一个部分的打印，耗材会往后拉一点以抵消渗漏。当打印再次开始，耗材又会重新推入喷嘴，塑料便会再次从喷头尖上挤出。可检查"基本"页面的"开启回抽"选项是否有选中。

回抽距离

回抽设置里头最重要的设置是回抽距离。这个决定有多少塑料被抽回喷嘴。通常，塑料从喷嘴抽回越多，喷头在移动的时候渗漏的可能性就越小。大多数直接驱动型挤出机只需要0.5到2.0mm的回抽距离，而一些远端挤出机也许需要高达15mm的回抽，因为挤出齿轮和加热喷嘴之间的距离更长。

回抽速度

接下来回抽相关设置里头，应该检查回抽速度。这个决定耗材从喷嘴抽回的速度。如果抽回速度太慢，塑料会渗漏，可能会在挤出机移动到目的地之前泄漏出来。回抽太快，则耗材会跟喷嘴里已经较热的部分耗材分离，或者快速的回抽甚至可能会导致送丝轮刮掉一部分耗材。通常会有一个介于 20-100mm/s 之间的甜点，回抽效果最好。理想的回抽速度跟正在使用的耗材的种类有关系，所以需要试验一下不同回抽速度看看能否减少牵丝的数量。

温度太高

当检查完回抽参数设置，另一个原因就是挤出机温度。如果温度过高，喷嘴里头的塑料会变得很稀，从而更容易从喷嘴里头漏出来。但是如果温度过低，则塑料在一定程度上还是固体，则从喷嘴挤出有困难。如果已经调整过回抽参数，还是有多余的牵丝，那么尝试将挤出温度下调个 5-10℃。这将对最终的打印质量有明显的影响。

（六）层平移或错位

喷头移动太快

当打印速度非常快时，打印机的马达会努力保持高速运转。一旦速度超出马达能够承受的范围，通常会听到马达因为没有运动到位而发出的典型的咔嗒声。如果发生这种情况，剩下的打印便会跟前面的打印部分错位。如果认为是速度过快引起的，尝试将打印速度降低 50%，看看是否有帮助。调整"基本"页面的"打印速度"，高级页面中的"移动速度"、"内部填充速度"、"顶部 / 底部打印速度"、"外壁打印速度"、"内壁打印速度"，如果这些速度中的某一个太高，就会导致层错位发生。如果还想调整一些更高级的设置，需要考虑通过修改打印机的固件来降低加速度，使用更缓和的加减速设置。

机械原因

如果层错位持续发生，降低打印速度也无效的话，那很可能是打印机有机械或是电气方面的原因。例如，大部分的 3D 打印机使用皮带来控制工作头的位置，这些皮带典型的使用橡胶材质和某些纤维加强提供额外的力。使用时，这些皮带是绷紧的，用来控制工作头的位置。一旦皮带松弛，就会在驱动轮上打滑，意味着驱动轮在转但是皮带没有动。如果皮带装得过紧，也会导致问题。过紧的皮带会在轴承上产生额外的摩擦力，从而导致马达无法转动自如。理想的安装要求皮带紧到既不会打滑，也不会紧到系统无法转动。层错位发生的时候，应当确认一下皮带是否有合适的张力，既不能太松也不能太紧。

电气原因

还有一些电气方面的原因会导致步进电机丢步。例如，电机电流不够，导致转动力不够。也有可能是电机的驱动芯片过温，导致马达临时停转直到温度降下来。目前还没有一个详细的列表来罗列所有可能的情况，这里只是提供一些常见的电气和机械方面原因导致丢步的方法，在层错位一再发生的时候供您参考。

2.2 三维印刷成型（3DP）

2.2.1 3DP 技术的工艺原理

三维印刷（3DP）工艺是美国麻省理工学院 EmanualSachs 等人研制的。E.M.Sachs 于 1989 年申请了 3DP（Three-DimensionalPrinting）专利，该专利是非成形材料微滴喷射成形范畴的核心专利之一。

3DP 工艺与 SLS 工艺类似，采用粉末材料成形，如陶瓷粉末，金属粉末。所不同的是材料粉末不是通过烧结连接起来的，而是通过喷头用粘接剂（如硅胶）将零件的截面"印刷"在材料粉末上面。用粘接剂粘接的零件强度较低，还需后处理。具体工艺过程如下：上一层粘结完毕后，成型缸下降一个距离（等于层厚：0.013 ~ 0.1mm），供粉缸上升一高度，推出若干粉末，并被铺粉辊推到成型缸，铺平并被压实。喷头在计算机控制下，按下一建造截面的成形数据有选择地喷射粘结剂建造层面。铺粉辊铺粉时多余的粉末被集粉装置收集。如此周而复始地送粉、铺粉和喷射粘结剂，最终完成一个三维粉体的粘结。未被喷射粘结剂的地方为干粉，在成形过程中起支撑作用，且成形结束后，比较容易去除。

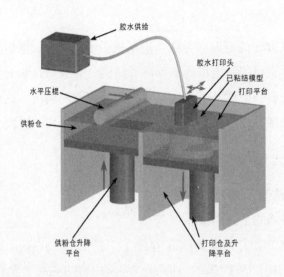

图 2-43 3DP 工作原理图

2.2.2 3DP 技术的成型材料及工艺特点

3DP 打印技术使用的原材料主要是粉末材料，如陶瓷、金属、石膏、塑料粉末等。利用粘合剂将每一层粉末粘合到一起，通过层层叠加而成型。与普通的平面喷墨打印机类似，在粘合粉末材料的同时，加上有颜色的颜料，就可以打印出彩色的东西了。3DP 技术是目前比较成熟的彩色 3D 打印技术，其他技术一般难以做到彩色打印。和许多激光烧结技术类似，3DP 也使用粉床（powderbed）作为基础，但不同的是，3DP 使用喷墨打印头将粘合剂喷到粉末里，而不是利用高能量激光来融化烧结。

图 2-44 3DP 技术成型材料

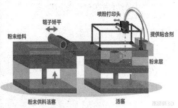

图 2-45 3DP 打印机的内部构造（左图）3DP 粉末粘合成型工艺（右图）

（一）3DP 成型工艺的优点

易于操作，可用于办公环境，作为计算机的外围设备之一。

可使用多种粉末材料及色彩粘结剂，制作彩色原型，这是该技术最具竞争力的特点之一。

不需要支撑，成型过程不需要单独设计与制作支撑，多余粉末的支撑去除方便，因此尤其适合于做内腔复杂的原型制作。

成型速度快，完成一个原型制作的成型时间有时只需半小时。

不需要激光器，设备价格比较低廉。

（二）3DP 成型工艺的缺点

精度和表面光滑度不太理想，可用于制作人偶和产品概念模型，不适合制作结构复杂和细节较多的薄型制件。

由于黏结剂从喷嘴中喷出，黏结剂的黏结能力有限，原型的强度较低，比较适合做概念模型。

原材料（粉末、黏结剂）价格昂贵。

如今在众多金属激光烧结 3D 打印机主导市场的情况下，3DP 技术虽然占有市场份额较小，但却依然在金属增材制造中扮演着重要角色。然而经常有声音质疑，在激光烧结等技术愈发成熟的情况下，3DP 技术是否还有竞争力。但是，3DP 技术很好的弥补了一些其他技术的不足，并填补了金属 3D 打印的一些空白。

2.2.3 3DP 技术后处理

在 3DP 成型工艺中，打印完成后的模型完全被埋在成型槽的粉末材料中。一般待模型在成型槽的粉末中保温一段时间后方可将其取出，如图 2-46 所示。从成型槽中取出的模型其表面以及内部会粘有粉末材料，需要用毛刷或气枪将其表面清理干净。为了能使模型具有一定的强度，需要对模型注入一定量的固化渗透剂，再将模型晾干即可。

图 2-46 3DP 后处理

2.2.4 3DP 技术的应用

3DP 技术不仅可以打印石膏类、淀粉类等材料，还可以打印金属粉末、陶瓷粉末和玻璃粉末等，甚至打印混凝土制品、食品和生物细胞等。三维印刷技术的应用已经遍及各行业。

（一）创意无限的家居用品

能够进入家庭的新技术，其市场前景无疑是巨大的。3DP 工艺由于制造过程没有限制，设计师可以充分发挥想象力和创造力，设计出独一无二的艺术品、灯饰、夹具、首饰、玩具，使家庭充满个性化的艺术氛围。自己可以随时打印所需的日常用品，包括鞋子、发夹、首饰、玩具等，大大增加了生活的方便性和趣味性，如图 2-47 所示

图 2-47 日常用品 3DP 成型模型

（二）多个结构件的机械产品

使用 3DP 不仅可以制作固定不动的产品，还可以制作有互相运动机构或部

件的物体，如轴承、啮合齿轮或其他机构。图2-48所示的4个打印产品都有齿轮。

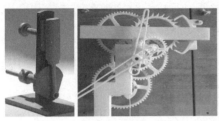

图 2-48 机械产品模型

（三）快速直接建造的建筑模型

在建筑领域，3DP除用于制作复杂的、大型的、超现代创意的建筑模型外，还可用于雕塑的快速直接建造。

图 2-49 3DP 应用于建筑

（四）3D 打印照相馆

3D 照相是指利用三维扫描设备（结构光、多目立体视觉）获取客户的身体结构及纹理数据，然后通过三维雕刻软件（ZBrush，FreeForm 等）进行数据修复和加工，最后通过 3D 打印设备及后续处理工艺制作三维实体任务塑像的技术。

图 2-50 3DP 工艺打印的立体人偶

2.2.5 3DP 技术成型设备

在三维打印快速成型技术三十多年的发展过程中，越来越多的单位和机构进行过三维打印快速成型设备的研究，到目前为止已经成功商品化生产，影响较大的单位主要有 3 家：美国的 ZCorporation 公司、3DSystems 公司和以色列的 Object 公司。

ZCorporation 公司 1995 年获得 MIT 的专利授权后，开始进行粉末黏结成形三维打印快速成形设备的研发，于 1997 年推出了第一台商用粉末黏结三维打印快速成形机 2402，该设备采用 Canon 喷墨打印头，拥有 128 个喷孔，成形材料为淀粉掺蜡或环氧树脂的复合材料。2402 因其成形速度快、设备价格便宜、运行和维护成本低，深受用户欢迎，迅速打开了销售局面。此后 ZCorporation 公司于 2000 年推出了能制作彩色原型件的三维打印设备 Z402C，该设备采用 4 台不同颜色的黏结剂材料，能产生 8 种不同的色调。2001 年 ZCorporation 公司又推出了一台能够制作真彩色原型件的三维打印快速成形设备 2406，这是世界上第一台真正意义上的彩色快速成形设备，可以成形出颜色逼真的彩色原型件。2406 采用的是 HP 公司的 HP2000 打印机的打印头，黏结剂材料有 4 种基本颜色，4 基色可组合成 600 万种颜色，每种颜色的打印头分别拥有 400 个喷嘴，共 1600 个喷嘴，因此可以快速地制造出颜色逼真的彩色原型件。可以制出通过有限元模拟得到的彩色原型件，用来表示零件三维空间内的热应力分布情况，切割开原型件，就可以清楚地看出零件内的温度和应力变化情况。ZCorporation 公司经过十来年致力于粉末黏结成形三维打印快速成形设备的研究，已成功开发出高速成形、彩色成形和大尺寸零件成形多个系列的三维打印快速成形机，成形材料遍及石膏、淀粉、人造高弹橡胶、熔模驻蜡和可直接铸造低熔点金属的铸造砂等。目前，ZCorporation 公司已成为全球最大的生产和销售粉末黏结快速成形机的公司，也是全球唯一生产彩色快速成形设备的公司。

3DSystems 公司本是全球最大的生产 SLA 快速成形机的公司，但因 SLA 快速成形设备的价格昂贵，运行和维护成本也很高，一般用户消费较少，市场有限，难以扩大。为了改变这种现状和适应快速成形技术发展的需要，3DSystems 公司开展了成本相对较低的三维打印快速成形设备的研发，1999 年推出了首台热喷式（Thermojet）三维打印快速成形机，该设备以蜡为材料，工作原理是将蜡熔融后从喷嘴中直接喷出经冷却成形，设备采用的打印头包含352个喷嘴，可以快速制造蜡质原型件。此后，3DSystems公司又开发出了热塑性塑料的热喷式三维打印快速成形机和喷打光敏树脂材料的三维打印快速成形机，该设备具有较高的成形精度，可以快速地制造出塑料件用于功能试验。目前，3DSystems公司正在把热喷式三维打印快速成形机向低价位、小型桌面化的快速成形设备发展，已取得了很好的销售业绩。

Object公司主要致力于光固化三维打印快速成形设备的研发，2000年正式推出了商业化的光固化三维打印快速成形机Quadra，喷头有1536个喷嘴，每次喷射的宽度为60mm，成形的精度非常高，每层厚度小至20μm。此后，Object公司又推出了成形精度更高的Eden系列三维打印快速成形机，成形的层厚为16μm，成形零件的整体尺寸精度误差小于±0.1mm。所使用的支撑材料是一种类似胶体的水溶性光敏树脂，零件制作完后用水枪或水洗轻松去除，后处理非常方便。目前，Object公司正在向材料自由组装的三维打印快速成形机发展，即将两种或多种不同性能的成形材料根据设计的需要，按一定比例进行喷射组合（类似于彩色打印原理），以成形在不同部位具有不同性能的单个制作或同时成形具有不同性能的多个制件，利用这种技术可以直接快速地制造出具有多个不同性能零件装配在一起的部件，具有非常好的市场前景。

ProJetX60全彩色3D打印机（原Zprinter系列三维打印机）如图2-51所示，技术参数见表2-1。该设备采用的是彩色立体打印技术，与SLS粉末选择性烧结工艺类似，采用粉末材料成形，通过喷头用黏结剂将零件的截面"印刷"在材料粉末上面，层层叠加，从下到上，直到把一个零件的所有层打印完毕。

图 2-51 ProJetX60 全彩色 3D 打印机及产品模型

表 2-1 ProJetX60 全彩色 3D 打印机（Zprinter 系列）技术参数

产品型号	ProJet160	ProJet260C	ProJet360	ProJet460Plus	ProJet660Plus	ProJet860Plus
特性	最物美价廉（单色）	最物美价廉（彩色）	环保型（单色）	适合办公室使用（彩色）	精选色彩，最高分辨率	工业级强度，精选色彩，最高分辨率
分辨率	300×450dpi	300×450dpi	300×450dpi	300×450dpi	600×540dpi	600×540dpi
产品型号	ProJet160	ProJet260C	ProJet360	ProJet460Puls	ProJet660Puls	ProJet860Puls
最小细节尺寸	0.4mm	0.4mm	0.15mm	0.15mm	0.1mm	0.1mm
色彩	白	64 色	白	2800000 色	6000000 色	6000000 色
垂直成形速度	20mm/h	20mm/h	20mm/h	23mm/h	28mm/h	5~15mm/h，速度随着成形量的增加而提升
构建尺寸	236mm×185mm×127mm	236mm×185mm×127mm	203mm×254mm×203mm	203mm×254mm×203mm	254mm×381mm×203mm	508mm×381mm×229mm
打印头数量	1	2	1	2	5	5
棒球大小模型可一次成形数量	10	10	18	18	36	96
远程控制	支持使用 PC、平板电脑、智能手机进行远程监控和操作					
电源要求	90~100V，7.5A 110~120V 5.5A 208~240V 4.0A	90~100V，7.5A 110~120V 5.5A 208~240V 4.0A	90~100V，7.5A 110~120V 5.5A 208~240V 4.0A	100~240V，15~7.5A	100~240V，15~7.5A	100~240V，15~7.5A
材料	VisiJetPXL 高性能复合材料					
文件格式	STLVRMLPLYSDSFBXZPR					

　　在制药方面，基于黏接材料的 3DP 技术能够生成药物所需要的多孔结构，因而在可控释放药物的制作上有独特的优势。MIT 实验室利用这种多喷嘴 3DP

技术，将几种用量相当精确的药物打入生物相融的、可水解的聚合物基层中，实现可控释放药物的制作。

上海的富奇凡机电科技在国内尚属首创，成形件的最大尺寸为 250mm×200mm×200mm，打印的分辨率为 600×600dpi，成形件精度为 ±0.2mm，其所用的成形材料为特定配方的石膏粉与黏结剂，陶瓷粉与黏结剂，设备及各种结构件制作如下图 2-52。

图 2-52 LTY-200 打印机及其制件

思考题：

1. 简述 3DP 的成型过程

2. 3DP 有哪些优缺点？

3. 3DP 工艺中黏结剂喷射的方法有哪些，各有什么特点？

2.3 选区激光熔化成型（SLM）

2.3.1 SLM 技术工艺原理和特点

选区激光熔化（SLM）的概念在 20 世纪 90 年代由德国 Fraunhofer 激光技术研究所首次提出。目前 SLM 装备研发机构主要有德国 SLMSloutions、ConceptLaser、EOS，英国 Renishaw，国内北京隆源自动成型系统有限公司、华南理工大学、华中科技大学等。在原理上，选区激光熔化与选取激光烧结相似，但因为采用了较高的激光能量密度和更细小的光斑直径，成形件的力学性能、尺寸精度等均较好，简单处理后即可投入使用，并且成形所用原材料无须特别配制。

（一）选区激光熔化工艺原理

SLM 成形设备中的具体成形过程如图 2-53 所示：激光束开始扫描前，铺粉装置先把金属粉末推到成形缸的基板上，激光束再按当前层的填充轮廓线选区熔化基板上的粉末，加工出当前层，然后成形缸下降一个层厚的距离，粉料缸上升一定厚度的距离，铺粉装置再在已加工好的当前层上铺好金属粉末。设备调入下一层轮廓的数据进行加工，如此逐层加工，直到整个零件加工完毕。整个加工过程在通有惰性气体保护的加工室中进行，以避免金属在高温下与其他气体发生反应。

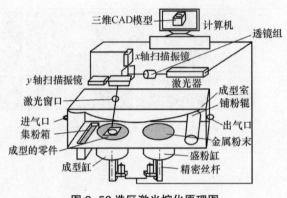

图 2-53 选区激光熔化原理图

（二）选区激光熔化工艺过程

SLM 技术的基本工艺是：先在计算机上利用 Pro/E、UGNX、CATIA 等三维造型软件设计出零件的三维实体模型，然后通过切片软件对该三维模型进行切片分层，得到各截面的轮廓数据，由轮廓数据生成填充扫描路径，设备将按照这些填充扫描线，控制激光束选区熔化各层的金属粉末材料，逐步堆叠成三维金属零件。

（三）选区激光熔化成形工艺

影响 SLM 成型效果的因素很多，将导致 SLM 工艺复杂。目前研究表明，影响激光选区熔化的因素有 150 多个。可将其分为 6 部分，激光与光路、材料、扫描因素、机械因素、几何数据处理、环境因素。并将成形效率、可重复性、稳定性以及成形性能作为评价指标。

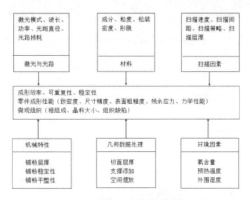

图 2-54 SLM 成形的影响因素

（四）选区激光熔化工艺特点

选取激光熔化工艺是在选区激光烧结（SLS）基础上发展起来的，但又区别于激光选区烧结技术，选区激光熔化工艺具有以下特点：

1）成形材料广泛

从理论上讲，任何金属粉末都可以被高能束的激光束熔化，故只要将金属材料制备成金属粉末，就可以通过 SLM 技术直接成形具有一定功能的金属零部件。

2）复杂零件制造工艺简单，周期短

传统复杂金属零件的制造需要多种工艺配合才能完成，如人工关节的制造需要模具、精密铸造、切削、打孔等多种工艺的并行制造，同时需要多种专业技术人员才能完成最终的零件制造，不但工艺烦琐，而且制件的周期较长。而 SLM 技术是由金属粉末原材料直接一次成形最终制件，与制件的复杂程度无关，简化了复杂金属制件的制造工序，缩短了复杂金属制件的制造时间，提高了制造效率。

3）制件材料利用率高，节省材料

传统的铸造技术制造金属零件往往需要大块的坯料，最终零件的用料远小于坯料；而传统加工金属零件的制造主要是通过去除毛坯上多余的材料而获得所需的金属制件。而用 SLM 技术制造零件耗费的材料基本上和零件实际相等，在加工过程中未用完的粉末材料可以重复利用，其材料利用率一般高达 90% 以上，特别对于一些贵重的金属材料（如黄金等），其材料的成本占整个加工成本的大部分，大量浪费的材料将加工制造费用提高数倍，节省材料的优势往往就能够更加凸显出来。

4）制件综合力学性能优良

金属制件的力学性能是由其内部组织决定的，晶粒越细小，其综合力学性能一般越好。相比较铸造、锻造而言，SLM 利用高能束的激光选择性熔化金属粉末，其激光光斑小、能量高，制件内部缺陷少。制件的内部组织是在快速熔化/凝固的条件下形成的，显微组织往往具有晶粒尺寸小、组织细化、增强相弥散分布等优点，从而使制件表现出特殊优良的综合力学性能，通常情况下其大部分力学性能指标都优于同种材质的锻件性能。

5）适合轻量化多孔制件的制造

对一些具有复杂细微结构的多孔零件，传统方法无法加工出制件内部的复杂多结构。而采用 SLM 工艺，通过调整工艺参数或者数据模型即可达到上述目的，实现零件的轻量化、多孔化的需求。如人工关节往往需要内部具有一定尺寸的孔隙来满足生物力学和细胞生长的需求，但传统的制造方式无法制造出满足设计要求的多孔人工关节，而对 SLM 技术而言，只要通过修改数据模型或工艺参数，即可成形出任意形状复杂的多孔结构，从而使其更好地满足实际需求。

6）满足个性化金属零件制造需求

利用 SLM 技术可以很便利地满足一些个性化金属零件制造，摆脱了传统金属零件制造对模具的依赖性。如一些个性化的人工金属修复体，设计者只需要设计出自己的产品，即可利用 SLM 技术直接成形出自己设计的产品，而无须专业技术人员来制造，满足现代人的个性需求。

（五）选区激光熔化工艺应用及发展趋势

SLM 成形件的应用范围比较广，主要是机械领域的工具及模具、生物医疗领域的生物植入零件或替代零件、电子领域的散热器件、航空航天领域的超轻结构件、梯度功能复合材料零件。用 SLM 技术制造的航空超轻钛结构件具有高的表面积、体积比，零件的重量可以减轻 90% 左右；利用 SLM 方法制造的具有随形冷却流道的道具和模具，可以使其冷却效果更好，从而减少冷却时间，提高生产效率和产品质量；利用SLM方法可以快速制造具有交叉流道的微散热器，流道结构尺寸目前可以做到0.5mm，表面粗糙度可以达到Ra8.5μm。这种微散热器可以用于冷却高能量密度的微处理器芯片、激光二极管等具有集中热源的器件，主要应用于航空电子领域；用SLM方法制造的生物构件，形状复杂，密度可以任意变化，体积孔隙度可以达到75%~95%。

欧洲宇航防务集团于2012年展示了用选区熔化成形的钛合金零件替代空客A320发动机舱的铸钢铰链支架，如图2-55所示，可以优化地在有载荷的位置布置金属，削减了75%的原材料，节省10KG/套件的重量，减少了生产、运作和最终回收过程中的能源和排放。美国霍尼韦尔公司的航空航天部采用精密激光选区熔化成形技术制造了热交换器和金属支架。美国联合技术公司使用该技术制造了喷射发动机内压缩机叶片，并在康涅狄格大学成立了选区熔化成形研究中心。空客公司在其最新的A350XWB型飞机上应用了Ti-6A1-4V增材制造结构件，且已通过EASA及FAA的适航认证。

图 2-55 空客 A320 发动机舱铰链支架（左图）喷射发动机内压缩机叶片（右图）

图 2-56 Ti-6A1-4V 结构件

波兰波兹南理工大学的RyszardUklejewski等用SLM技术成形出微创髋关节置换术的植入体，并成功与模型进行匹配。德国Fraunhofer研究所SLM制造钛合金髋关节杯用于外科手术。

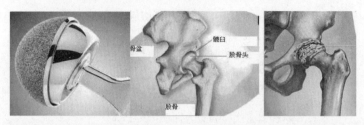

图 2-57 研磨和抛光处理后的髋关节植入体（左图）髋关节植入体与模型匹配（右图）

近年来，SLM 技术在国内外得到了飞速的发展，从设备的开发、材料与工艺研究等方面都有了较高的突破，并且在许多领域得到了应用。但针对其自身存在一些缺点和不足，SLM 技术未来的发展应该主要注意以下几个方面：

①改善 SLM 的相关设备，提高现有设备的不稳定性及其加工精度以制造出组织均匀、性能良好的零件，降低成本，使 SLM 技术应用更广泛。

②提出合理的方案，降低或消除加工过程中产生的球化效应、翘曲变形等缺陷对零件产生的影响。

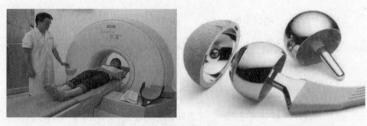

图 2-58 CT 扫描（左图）钛合金髋关节杯 SLM 制造（右图）

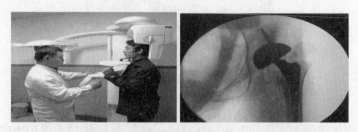

图 2-59 三维 X 光扫描仪实时监测手术进展（左图）髋关节杯造影图（右图）

③在粉末粒度、热物理性能、激光熔化机理等方面对 SLM 粉末材料做更加深入的研究，研发出更易于加工且性能优良的粉末材料。

④开发设计出低能耗、低污染的 SLM 设备与加工工艺，为建设环境友好型社会做出贡献。

由于用 SLM 技术能直接成形结构复杂、尺寸精度高、表面粗糙度好的致密金属零件，减少了制造金属零件的工艺过程，为产品的设计、生产提供了更加快捷的途径，从而加快了产品的市场响应速度，更新了产品的设计理念、生产周期。由此可知，SLM 技术代表了快速制造领域的发展方向。

2.3.2 SLM 技术的成型材料

成形材料是 SLM 技术发展中的关键环节之一，它对制件的物理机械性能、化学性能、精度及其应用领域起着决定性作用，直接影响到 SLM 制件的用途以及 SLM 技术与其他金属增材制造技术的竞争力。SLM 工艺对不同的材料具有广泛的适应性，国内外众多学者对 SLM 成形材料进行研究。目前主要用于 SLM 技术研究的材料包括预合金粉末材料（如 316L 不锈钢，Ti6A14V、镍 525 合金等）、非铁纯金属材料（如钽、金、钛等）以及金属基复合材料（如 VAC-Co-Cu 复合材料、Cu-CuSn-CuP 复合材料等）。

（一）预合金粉末

在 SLM 技术中采用预合金粉末时，应注意避免组分间发生反应而生成脆性大、易破碎金属间化合物，否则会严重影响烧结件机械强度。需要指出的是，由于液态金属快速冷却所引起的热应力易导致制件内部产生裂纹。SimchiA 等人在其研究中指出，制件中残余应力水平取决于工艺参数和材料特性，特别是弹性模量和热膨胀系数，因此在粉末合金化过程中可使用热膨胀系数低的材料。此外，激光熔化过程中的某些相变将引起制件体积膨胀，可补偿由凝固造成的收缩，这显然有助于控制参与应力水平，故 SLM 中的可控相变对减少或消除烧结件的变形和残余应力具有潜在可能性。目前，研究的预合金粉末材料主要有铁基、钛基、钴基、铜基、铝基及镍基预合金粉末材料。

铁基合金材料因是工程技术中使用范围最广泛、最重要的合金材料，其材料来源广泛，价格便宜，是 SLM 技术研究较早、较深的一类合金材料。同时，其粉末材料具有易于制备、流动性好以及抗氧化能力强等特点，属于 SLM 工艺中易于成形的材料之一。目前，利用 SLM 工艺成形的铁基合金材料主要有 H13

工具钢、316L 不锈钢、304L 不锈钢等。

镍基合金材料综合性能（包括拉伸性能、蠕变极限、耐腐蚀/抗氧化性能等）优异，在航空航天领域具有重要的用途，其产品往往具有附加值高、形状复杂等特点，是目前 SLM 技术研究的热点材料之一。镍基合金材料由于具有抗氧化能力强、密度大、粉末易制备等特点，是较适合 SLM 成形工艺材料。但在镍基合金 SLM 成形过程中，微裂纹形成甚至开裂倾向明显，通常需要结合后续热处理工艺（如热等静压，HIP）来消除，以改善镍基合金零件激光成形综合机械性能。目前，主要研究的材料包括镍 625 合金和镍 718 合金。

钛基合金材料因其独特的化学、机械性能及良好的生物相容性，主要应用于航空航天和生物医学领域，是 SLM 技术中较常采用的合金材料，但钛合金在高温下抗氧化能力差，需要严格控制成形气氛。同时，钛合金的导热性差，成形过程中对能量的输入也有严格的要求。目前，SLM 成形钛合金的种类主要有 Ti6A14V 合金，Ti-6A1-7Nb 合金和 Ti-24Nb-4Zr-8Sn 合金等。钴基合金因具有良好的生物相容性，同时具有耐疲劳性好、抗腐蚀性强以及综合力学性能高的特点，在口腔修复体和人工关节领域具有极其重要的地位。其粉末易制备，抗氧化能力强，流动性好，是最适合 SLM 工艺的材料之一，利用 SLM 技术成形的钴基合金产品目前广泛应用与口腔修复领域，主要材料包括 Co-29Cr-fiMo 合金、F75Co-Cr 合金以及其他牌号 Co-Cr 合金粉末等。

铝基合金因其密度小导热性好而在散热和轻量化结构制造领域具有突出的优势，近年来也是 SLM 技术研究的热点材料之一。但由于其自身的物理特性（吸收率低、导热率高、密度小）导致 SLM 成形时会出现熔体润湿性差、粉末铺粉不均匀等问题，属于 SLM 工艺中较难成形的一类材料。近年来，德国 Fraunhofer 激光技术研究所在 SLM 成形铝合金零件研究及应用方面获得突破性进展。目前，用于 SLM 工艺研究的材料主要有 AlSi10Mg 合金和 A1-12Si 合金。铜合金具有良好的导热、导电性能和较好的耐磨性能，在电子、机械、航空航天等领域具有广泛的应用。但铜粉易氧化，在 SLM 成形过程中润湿性较差，往往需要添加辅助剂来增强其成形特性。国内南京航空航天大学的顾冬冬教授对 Cu 基合金的 SLM 成形做了深入的探索研究，深入研究了铜基合金粉末的制备、冶金机理及其显微组织。

（二）纯金属材料

目前，对 SLM 成形纯金属的研究主要集中在非铁纯金属，其中主要以用于生物医疗的纯钛为主，如 SantosEC 等人研究了 SLM 成形纯钛的显微组织和机械性能，SantosEC 等人研究了 SLM 成形纯钛的致密性机制、显微组织的变化及其磨损性，如 ZhangBC 等人研究了在真空条件下纯钛的 SLM 成形特性等。其他利用 SLM 成形的纯金属材料包括有 Ta、Au 等，但相关研究报告较少，仍然不是SLM 研究的主流材料。与合金粉末材料相比，纯金属粉末材料不是 SLM 技术的主要研究对象，究其原因主要有以下三个方面：第一，纯金属自身的性质（相对于其合金）较弱，其不仅具有较低的机械性能，还有较弱的抗氧化性、抗腐蚀性等性质，这些都降低了从事纯金属 SLM 制造的研究人员的研究热情；第二，适合于 SLM 工艺使用的金属粉末粒径一般很细（大约 20-100μm），流动性好的球形纯金属粉末制造加工很困难，这也是阻碍 SLM 成形纯金属粉末研究的因素；第三，纯金属材料的应用范围较小，目前主要在医学和首饰行业应用较多，工业应用中大多数材料都属于合金材料，这也进一步限制了其研究的广泛性和深入性。

（三）金属基复合材料

金属基复合材料在性能上往往具有特殊的优势，其一般可以同时具备多种材料的性能或者通过设计可以使某些性能表现出梯度变化的特征。其中，外加颗粒增强是制备金属基复合材料的主要方法，且具有材料的可设计性，增强相尺寸则由添加的陶瓷颗粒尺寸所决定，一般为数十微米，较少达到 1μm 以下。一直相对，原位自生增强是通过外加化学元素之间发生化学反应而生成增强相，与基体具有直接原子结合的界面结构，可使界面洁净、结合牢固，故在界面控制方面具有优势。故利用 SLM 技术制备金属基复合材料也是近年来的研究热点。目前，主要有铜基复合材料、钛基复合材料以及铁基复合材料的研究报道，具体涉及材料的制备、成形工艺、显微组织的形成机制及性能方面的研究，尚无应用方面的研究。

2.3.3 SLM 技术的成型设备

世界范围内已经有多家成熟的 SLM 设备制造商，包括德国 EOS 公司（EOSINGM270 及其 M280），德国 ReaLizer 公司，SLMSolutions 公司，ConceptLaser 公司（MCusing 系列），美国 3D 公司（Sinterstation 系列），RenishawPLC 公司（AM 系列）和 Phenixsystems 公司等。上述厂家都开发出了不同型号的机型，包括不同的零件成形范围和针对不同领域的定制机型等，以适应市场的个性化需求。虽然各个厂家 SLM 设备的成形原理基本相同，但是不同设备之间的参数还有很大的不同，对国外不同 SLM 设备的对比见表 2-2。

表 2-2 国外 SLM 设备参数对比

厂家	设备型号	典型材料	能量源	成形件范围（mm×mm×mm）	铺粉装置	层厚（μm）	光学系统	聚焦光斑直径（μm）	最大扫描速度（m/s）	成形室内环境
EOS	EOSING M270	铁基合金、铜基合金、钛合金等	200 WFiber Laser	250×250×215	压紧式铺粉刷	30~100	F-θ 聚焦镜+扫描振镜	100~500	5	预热+真空
	EOSING M280		200w 400w FiberLaser	250×250×325		30~60		60~300	7	预热+真空
ReaLizer	SLM 100	不锈钢、钛合金、钴铬合金	50 Wfiber laser	Φ125×100	柔性铺粉刷	20~50	F-θ 聚焦镜+扫描振镜	30~50	5	无预热+真空
	SLM 250		200 Wfiber laser	250×250×300		20~50		50~100	5	无预热+真空
	SLM 300		200W/400 Wfiber laser	300×300×300		20~100		70~200	5	无预热+真空
Concept laser	M1	不锈钢、钛合金钴铬合金、铜合金等	50 Wfiber laser	120×120×120	压紧式铺粉刷	20~50	F-θ 聚焦镜+数控激光头移动	30~50	5	无预热+真空
	M2		200 Wfiber laser	250×250×280		20~50		50~200	5	无预热+真空
	M3		200 Wfiber laser	300×350×300		20~50		70~300	7	无预热+真空
	Mlab		100W/50W fiberlaser	90×90×80		20~50		20~80	7	无预热+真空

SLM solutions	SLM250HL	不锈钢、钛合金、钴铬合金、铜合金等	200Wfiber laser	250×250×250	压紧式铺粉刷	30~100	F-θ聚焦镜+扫描振镜	70~300	5	无预热+真空
	SLM280HL		400W/1000Wfiber laser	280×280×350		30~300		70~200	5	无预热+真空
3DSystems	sPro125	不锈钢、钛合金等	100Wfiber laser	150×150×150	柔性铺粉刷	50~100	F-θ聚焦镜+扫描振镜	70~200	7	无预热+真空
	sPro250		200Wfiber laser	250×250×300		50~200		50~150	7	无预热+真空
Renishaw PLC	AM125	不锈钢、钛合金、钴铬合金	100Wfiber laser	125×125×125	压紧式铺粉滚筒	30~100	F-θ聚焦镜+扫描振镜	70~100	5	无预热+真空
	AM250		200W/400Wfiber laser	250×250×300		30~100		70~100	5	无预热+真空
Phenix systems	PXL	不锈钢、钛合金等	200Wfiber laser	250×250×300	柔性铺粉是	20~50	F-θ聚焦镜+扫描振镜	50~100	7	无预热+真空

　　EOS 是一家较早进行激光成形设备开发和生产的公司，其生产的 SLM 设备具有世界领先的技术。EOS 生产的 SLM 设备 EOSINGM280 如图 2-60 所示，该设备的各项参数都具有很大的优势。EOSINGM280 激光烧结系统采用的是 Yb-fibre 激光发射器，具有高效能、长寿命等特点。精准的光学系统能够保证模型的表面光滑和准确度。氮气发生装置以及空压系统则使设备的使用更加安全。

图 2-60 EOSINGM280

　　EOSINGM280 设备成形的金属零件致密度可以达到近乎 100%，最大成形尺寸为 250mm×250mm×325mm，尺寸精度在 20~100μm，打印速度为 2~30mm³/s，最大功率为 8500W，能够成形的最小壁厚是 0.3~04mm。可以打印不锈钢、钴铬钼合金 MP1、钴铬钼合金 SP1、马氏体钢、钛合金、纯钛、超级合金 IN718 和铝合金等材料。

　　德国 ConceptLaser 公司是 Hofmann 集团的成员之一，是世界上主要的金属激光熔铸设备生产厂家之一。公司 50 年来丰富的工业领域经验，为生产高精度金属熔铸设备夯实了基础。ConceptLaser 公司目前已经开发了四代金属零件激光直接成形设备：M1、M2、M3 和 Mlab。其成形设备比较独特的一点是它并没有采用振镜扫描技术，而使用 X/Y 轴数控系统带动激光头行走，所以其成形零件范围不受振镜扫描范围的限制，成形精度同样达到 50μm 以内，该产品能广泛用于航空航天、汽车、医疗、珠宝设计等行业。

2015 年德国 ConceptLaser 公司又推出了升级版最新机型 Xline2000R，刷新了激光烧结金属 3D 打印机构建容积的新纪录，ConceptLaser 一直在激光熔化（LaserCUSING）技术领域处于领先地位，该公司在 2013 年宣布推出巨型激光烧结金属 3D 打印机 Xline1000R。Xline1000R 拥有 630mm×400mm×500mm 的构建容积，据称是世界最大的选择性激光烧结 3D 打印机。

Xline2000R 构建体积相比 Xline1000R 增加了 27%，从 126L 增长至 160L。实际打印尺寸为 800mm×400mm×500mm。这款 3D 打印机主要面向航空航天及汽车制造领域，ConceptLaser 是空客公司 Airbus 的最主要供应商之一。

该产品安装了双激光系统，每束激光在打印过程中释放出 1000W 能量，极大加速了成形速度，建造区域被分在两个不同区间。除了构建体积更大、打印速度更快之外，这个新系统还将滚筒筛置换为静音振动筛，全封闭设计则有利于保持打印环境的清洁。Xline2000R 还配置了封闭自动化的粉末循环室，在惰性气体环境下运作。这样既保证了直属粉末质量，又有利保护操作人员安全。标准过滤器能够在水冲刷过程中钝化，在更换过滤器时保证安全。另外，用户可以选择采用双构建模块，加快生产效率。

图 2-61 ConceptLaser 公司 Xline2000R

德国 SLMSolutions 公司是一家总部位于吕贝克的 3D 打印设备制造商，专注于选择性激光烧结（SLM）技术。公司前身是 MTT 技术集团德国吕贝克有限公司，2010 年更名为 SLMSolutionsGmbH。而 MMT 隶属于英国老牌上市公司 MCP 技术，2000 年推出 SLM 技术，2006 年推出第一个铝、钛金属 SLM3D 打印机。产品主要有 SLM125、SLM280、SLM500 系列选择性激光熔融 SLM3D 金属打印机。SLM500，最大成形空间达到 500mm×280mm×325mm，成形层厚为 20~200μm，扫描速度为 15m/s，甚至可以装配 2×400W 或 2×1000W 的 YLR-Faser-Laser 激光器。这种技术是采用高精度激光束连续照射包括钛、钢、铝、金在内的金属粉末，将其焊接成形的技术，而德国 SLMSolutions 在这一技术上有着多项专利，居于领先地位。其 3D 打印机已经应用于汽车、消费电子、科研、航空航天、工业制造、医疗等行业。

图 2-62 德国 SLMSolutions 公司 SLM500

SLM 技术具有众多优点，近年来国内有部分高校和科研单位也从事了该项技术的研究和推广工作。随着研究的深入国内研制的 SLM 设备在设备性能、工艺研究水准、成形材料开发、加工成形质量和精度方面都有了相当大的提高。国内的 SLM 领域，主要有华南理工大学、华中科技大学、南京航空航天大学、北京工业大学和中北大学等高校。每个单位的研究重点各有优势与不同。表 2-3 是国内 SLM 设备的参数对比。

表 2-3 国内 SLM 设备的参数对比

机构	设备名称	典型材料	能量源	成形件范围（mm×mm×mm）	铺粉装置	层厚（μm）	光学系统	聚焦光斑直径（μm）	最大扫描速度（m/s）	成形室内环境
北京隆源自动成型系统有限公司	AFS-M120	不锈钢、钛合金、模具钢、钴铬合金、镍基合金	200W/500W fiberlaser	120mm×120mm×150mm	压紧式铺粉滚筒	20～80	普通聚焦镜+扫描振镜	70	6	无预热+无真空
	AFS-M260		500W fiberlaser	260mm×260mm×350mm	压紧式铺粉滚筒	20～100	普通聚焦镜+扫描振镜	70	6	无预热+无真空
华南理工大学	Dimetal-240	不锈钢与纯钛、钛合金、钴铬合金	200W YAG	240×240×250	压紧式铺粉滚筒	20~100	普通聚焦镜+扫描振镜	50~70	5	无预热+无真空
	Dimetal-280		200Wfiberlaser	280×280×300	压紧式铺粉刷	20~100	F-θ 聚焦镜+扫描振镜	50~70	5	
	Dimetal-100		200Wfiberlaser	100×100×130	柔性铺粉刷	20~100	F-θ 聚焦镜+扫描振镜	20~60	7	
华中科技大学	HRPM- Ⅰ	不锈钢与钛合金等	150W YAG	250×250×400	压紧式铺粉滚筒	50~100	三维振镜动态聚焦	60~120	5	无预热+无真空
	HRPM- Ⅱ		100Wfiberlaser	250×250×400	压紧式铺粉滚筒	50~100	F-θ 聚焦镜+扫描振镜	50~80	5	

　　北京隆源自动成型系统有限公司研发的 AFS-M260、AFS-M120 两款设备，采用隆源成型自主研发的送粉系统和开源软件，突破了高精度运动系统、封闭式供粉系统、惰性气氛控制，过程监测及整机控制等技术难点，不仅可实现普通不锈钢、镍基合金材料的高效成型，而且可对钛合金、铝合金等易燃合金在保护气体下进行高效成型。

图 2-63 北京隆源 AFS-120 北京隆源 AFS-260

华南理工大学先后自主研发了 Dimetal-240（2004 年），Dimetal-280（2007 年），Dimetal-100（2012 年）三款设备，其中 Dimetal-100 已经商业化。Dimetal-240 设备采用了额定功率 200W、平均输出功率 100W 的半导体泵浦 YAG 激光器，通过透镜组将激光束光斑直径聚焦到 100μm 左右。采用高精度丝杆控制铺粉，铺粉厚度控制精确，误差在 ±0.01mm 以内。采用整体和局部惰性气体保护的方法。所用软件包括 AT6400 电动机控制软件、Arps2000 扫描路径生成与优化软件、Afswin240 操作系统软件等。该设备的成形空间为 80mm×80mm×50mm，制作尺寸精度达到 ±0.01mm，表面粗糙度为 Ra30~50μm，相对密度接近 100%。

图 2-64 华南理工大学 Dimetal-240

华中科技大学模具国家重点实验室快速制造中心是国内较早从事 SLM 技术的研究工作的单位，并且已经在 SLM 系统制造技术上取得了创新和突破。目前，该中心先后推出了两套装置、自动送粉装置、可升降工作台、预热装置等组成。针对现有国外 SLM 系统难以直接制造大尺寸零件的现状，从预热装置、预热温度控制和激光扫描方式等相关方面进行攻关和创新，解决了大尺寸 SLM 零件易于变形的难题，成功开发出具有大面积的工作台面（250mm×250mm）的 SLM

系统。HRPM–Ⅱ系统的主机和控制系统与 HRPM–Ⅰ系统基本相同，最大的区别在于激光器与送粉装置的不同，如图 2-65 所示：

图 2-65 华中科技大学 SLM 打印设备 HRPM

总体来说，国内对于 SLM 设备的研究取得了越来越多的成果，但还需要更深入的研究激光熔化成形过程、零件的变形机理以及工艺参数优化，使国内的 SLM 技术更加完善。

2.4 立体光刻成型（SLA）

2.4.1 SLA 技术的工艺原理

光固化成形（StereolithographyAppartus，SLA），也称立体光刻、光固化立体成形、立体平板印刷。光固化成形是最常见的一种 3D 打印工艺，由 CharlesW.Hull 于 1984 年获得美国专利，也是最早发展起来的 3D 打印工艺，他由此于 1986 年创办了 3DSystems 公司。自 1998 年美国 3DSystems 公司最早推出 SLA–250 商品化 3D 打印机以来，SLA 已成为目前世界上研究最深入、技术最成熟、应用最广泛的一种 3D 打印工艺。它以光敏树脂为原料，通过计算机控制紫外激光使其逐层凝固成形。这种方法能简捷、全自动地制造出表面质量和尺寸精度较高、几何形状较复杂的原型。

光固化立体造型工艺以光敏树脂为原料，其成形原理如图 2-66 所示。3D 打印机上有一个盛满液态光敏树脂的液槽，激光器发出的紫外激光束在控制设备的控制下，按零件的各分层截面信息在光敏树脂表面进行逐点扫描，使被扫描区域的树脂薄层吸收能量,产生光聚合反应而固化,形成零件的一个薄层截面。

当一层固化完毕后，工作台下降一个层厚的高度，使在原先固化好的树脂表面再敷上一层新的液态树脂，刮板将黏度较大的树脂液面刮平，然后进行下一层的扫描加工，新固化的层牢固地黏结在前一层上，如此反复直到整个零件原型制造完成。当实体原型完成后，首先将实体取出，并将多余的树脂去除。之后去掉支撑，进行清洗，完成成形原型后处理，从而获得成形原型件。

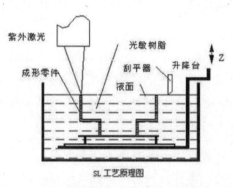

图 2-66 光固化成形工艺原理图

树脂材料具有高黏性，在每层固化后，液面很难在短时间内迅速流平，这将会影响实体的精度。采用刮板刮切后，所需数量的树脂便会被十分均匀地涂敷在上一叠层上，这样经过激光光固化后可以得到较好的精度，使产品表面更加光滑和平整；并且可以解决残留体积的问题。

经过多年的发展，光固化成形工艺技术已经日益成熟、可靠，光固化成形工艺具有以下显著的特点：

成形精度高，可以做到微米级别，比如 0.025mm。

表面质量优良，比较适合成形结构十分复杂、尺寸比较精细的零件。

成形速度快，系统工作相对稳定。

可以直接制作面向熔模精密铸造的具有中空结构的消失型。

制作的原型可以在一定程度上替代塑料件。

材料利用率极高，接近 100%。

光固化成形工艺的缺点如下：

① SLA 设备造价昂贵，使用维护成本较高。

②成形零件为树脂类零件，材料价格昂贵，强度、刚度、耐热性有限，不利于长期保存。

③光敏树脂对环境有污染，会使人皮肤过敏。

④成形时需要设计支撑，支撑去除容易破坏成形零件。

⑤经光固化成形后的原型，树脂并未完全固化，所以一般都需要二次固化。

光固化成形技术特别适合于新产品的开发、不规则或复杂形状零件制造（如具有复杂形面的飞行器模型和风洞模型）、大型零件的制造、模具设计与制造、产品设计的外观评估和装配检验、快速反求与复制，也适用于难加工材料额制造。这项技术不仅在制造业具有广泛的应用，而且在材料科学与工程、医学、文化艺术等领域也有广阔的应用前景。在航空航天领域，SLA 模型可直接用于风洞试验，进行可制造性、可装配性检验。

光固化成形工艺主要应用范围有如下几个方面：

①各类注型、模具的设计与制造（特别是塑料模具）

②产品的外观设计及效果评价，如汽车、家电、化妆品、体育用品、建筑设计等；

③医疗、手术研究用骨骼模型、代用血管、人造骨骼模型等；

④流体实验用模型，如飞机、船舶、高大建筑等；

⑤艺术摄影作品实物化、胸像制作、首饰的金属模等；

⑥学术研究、分子和遗传因子的立体模型、利用生物显微镜切片制作立体模型等。

2.4.2 SLA 技术的工艺过程

光固化 3D 打印工艺过程一般包括前期数据准备（创建 CAD 模型、模型的面化处理、设计支撑、模型切片分层）、成形加工和后处理。

（一）前期数据准备

前期数据准备主要包括以下几个方面。

①造型与数据模型转换

CAD 系统的数据模型通过 STL 接口转换到光固化 3D 打印系统中。STL 文件用大量的小三角形平面来表示三维 CAD 模型，这就是模型的面化处理。三角小平面数量越多，分辨率越高，STL 表示的模型越精确。因此高精度的数学模型对零件精度有重要影响，需要加以分析。

②设计支撑

通过数据准备软件自动设计支撑。支撑可选择多种形式，例如点支撑、线支撑、网状支撑等。支撑的设计与施加应考虑可使支撑容易去除，并能保证支撑面的光洁度。

③模型切片分层

CAD 模型转化成面模型后，接下来的数据处理工作是将数据模型切成一系列横截面薄片，切片层的轮廓线表示形式和切片层的厚度直接影响零件的制造精度。切片过程中规定了两个参数来控制精度，即切片分辨率和切片单位。切片单位是软件用于 CAD 单位空间的简单片空间的精度。切片层的厚度直接影响零件的表面光洁度，切片轴方向的精度和制作时间，是光固化 3D 打印中最广泛使用的变量之一。当零件的精度要求较高时，应考虑更小的切片厚度。

（二）成形加工

通过数据处理软件完成数据处理后，控制软件进行制作工艺参数设定。主要制作工艺参数有扫描速度、扫描间距、支撑扫描速度、跳跨速度、层间等待时间、涂铺控制及光斑补偿参数等。设置完成后，在工艺控制系统控制下进行固化成形。首先调整工作台的高度，使其在液面下一个分层厚度，开始成形加工，计算机按照分层参数指令驱动镜头使光束沿着 X-Y 方向运动，扫描固化树脂，底层截面（支撑截面）黏附在工作台上，工作台下降一个层厚，光束按照新一层截面数据扫描、固化树脂，同时牢牢地黏结在底层上。依次逐层扫描固化，最终形成实体原型。

（三）后处理

后处理是指整个零件成形完成后进行的辅助处理工艺，包括零件的清洗、支撑去除、打磨、表面涂覆以及后固化等。

零件成形完成后，将零件从工作台上分离出来，用酒精清洗干净，用刀片等其他工具将支撑与零件剥离，之后进行打磨喷漆处理，为了获得良好的机械性能，可以在后固化箱内进行二次固化，通过实际操作得知，打磨可以采用水砂纸，基本打磨选用400~1000号最为合适。通常先用400号，再用600号、800号。使用800号以上的砂纸时最好沾一点水来打磨，这样表面会更平滑。

光固化成形件作为装配件使用时，一般需要进行钻孔和铰孔等后续加工。通过实际操作得知，光固化成形件基本满足机械加工的要求，如对3mm厚度的板进行钻孔，孔内光滑、无裂纹现象；对外径8mm高度20mm的圆柱体进行钻孔，加工出5mm高度10mm的内孔，孔内光滑，无裂纹，但是随着圆柱体内外孔径比值增大，加工难度增加，会出现裂纹现象。

2.4.3 SLA技术的成型材料和设备

成形设备的研究与开发是快速成形制造技术的重要部分，其先进程度是衡量快速成形技术发展水平的标志。随着1988年3DSystems公司推出第一台商品化快速成形设备SLA-250以来，世界范围内相继推出了多种快速成形工艺的商品化设备和实验室阶段的设备。

光固化成形设备的研发机构主要有美国的3DSystems公司、Aaroflex公司，德国的EOS公司、F&S公司，法国的Laser3D公司，日本的SONY/D-MEC公司、TeijinSeiki公司、DenkenEngieering公司、Meiko公司、Unipid公司、CMET公司，以色列的Cubital公司以及国内的西安交通大学、华中科技大学、上海联泰科技有限公司等。

3DSystems公司生产的ProX950立体光刻打印机，能够精确无缝地成形尺寸1500mm×750mm×550mm、最大零件重量150KG、外观和力学性能优良的制件，支持多种SLA工业材料，可以打印韧性强的类ABS材料，也可以打印透明的类树脂材料。

图 2-67 ProX950 立体光刻打印机及打印件

陕西恒通智能机器有限公司开发的SPS系列固体激光快速成形机，如图

2-68：

图2-68 光固化激光快速成形机

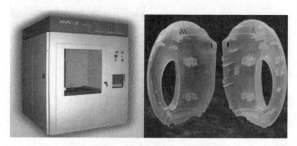

图2-69 光固化激光快速成形机

表2-4 SPS系列技术参数

型号	SPS800	SPS600	SPS450	SPS350
最大激光扫描速度	10m/s			
激光光斑直径	≤ 0.15mm			
成形空间 （mm × mm × mm）	800 × 600 × 400	600 × 600 × 400	450 × 450 × 350	350 × 350 × 350
加工精度	± 0.1mm(L ≤ 100mm) 或 ± 0.1%（L > 100mm）			
加工层厚	0.06~0.2mm			
最大成形速度	80g/h	80g/h	60g/h	60g/h
设备体积 （mm × mm × mm）	2065 × 1245 × 2220	1865 × 1245 × 1930	1665 × 1095 × 1930	1565 × 995 × 1930
设备功率	6KW	3KW	3KW	3KW

2.4.4 SLA工艺成型质量影响因素

SLA制作的实质就是将符合用户要求的模型，无论其具有怎样的结构，都可以离散成一组二维薄层，再对每层进行扫描，层层凝结黏附，最终形成实体原型。在加工中，制成件的精度与很多因素有着必然联系。按照成型机的成型

加工过程，成型件精度与因素之间的关系如下图 2-70:

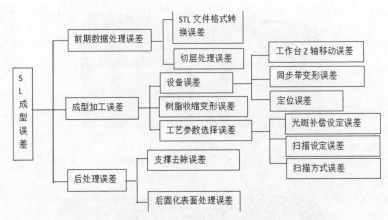

图 2-70 制件成型质量影响因素

（一）数据转换

目前使用的 3D 打印机只能接受所建模型的外部轮廓信息，所以，只有将设计的三维图形离散成一系列的二维薄片之后才能被识别。而这种离散模式主要有两种：一种是直接将设计图形切成薄片；第二种是将设计图形转换格式后再切片。虽然第一种切片方法简单易操作，数据处理量小，用时较短并且精度较高，但是它对运行条件的要求特别严格，几乎很难满足，而且对工件自动附上加支撑部分也是非常困难的。而第二种转换格式之后再切片的方法，主要以 STL 格式文件为载体。虽然这种方法缺点很多，但对制作质量影响不大，所以目前被广泛应用。这种方法的缺点主要体现在 STL 格式文件的转换及输出和切片处理两个过程。

（二）设备机械精度

影响成型件精度最初始因素是设备误差。设备误差主要是由成型机造成的，可以从设计和硬件系统上加以控制，在设备出厂前减小设备的误差，进而提高制件的精度，提高成型机器的硬件系统可靠性。减小设备误差是提高制件精度的硬件基础，所以不容忽视。设备误差主要是体现在 X，Y，Z 三个方向上。

①工作台 Z 轴方向的运动

工作台就是托板，托板上下移动使零件加工成型，托板的上下移动是通过丝杠来实现的。所以，工作台的运动误差直接决定着成型件的层厚精度，从而造成 Z 轴方向的尺寸误差。同时，成型工件的形状、较大的粗糙度和位置误差主要是由托板的运动直线度误差导致的。

②扫描振镜偏转

振镜扫描系统在扫描过程中，存在着固有扫描场的几何畸变，系统本身也存在着线性、非线性误差以及其他误差，这些误差也会影响振镜扫描系统在光固化工艺中的激光束扫描质量。

（三）成型材料

材料形态的变化直接影响成型过程及成型件精度。在 SLA 过程中，树脂从液态到固态的聚合反应过程中会产生线性收缩和体积收缩。线性收缩将导致在逐层堆积时层间应力的产生，这种层间应力使成型件变形翘曲，导致精度丧失，并且这种变形的机理复杂，与材料的组分、光敏性、聚合反应的速度有关。此外，在 SLA 过程中树脂所产生的体积收缩对零件精度的影响也是不可忽视的。它将引起成型件尺寸的变化，导致零件精度减小。体积收缩的重要原因是，树脂聚合后的结构单元之间的共价键距离小于液态时的范德华作用距离，造成结构单元在聚合物中的结合紧密程度比液态时大，导致聚合过程中产生体积收缩。

研究表明，体积收缩在 SLA 中对成型零件的翘曲有一定的影响，但无直接的定量关系。线性收缩在成型固化及二次固化中都会发生导致整个制件尺寸变化和形状位置变化，使精度降低。此外，树脂固化后的溶胀性，对制件精度也有较大的影响。由于 SLA 过程一般历时几小时至几十小时，前期固化部分长时间浸泡在液体树脂中，会出现溶胀，尺寸变大，强度下降，从而导致制造误差甚至失败。

（四）成型参数

①光斑大小带来的影响

SLA 制作时，由于光斑比一个点大很多，所以它不能被视为一个光点忽略不计，而需要考虑实际宽度与光斑半径的大小是否一致。光斑的扫描路径，是在不采用光斑补偿的条件下产生的，相比于设计尺寸，实际成型的零件局部尺寸会小于一个光斑半径，转角处还会出现圆角，因此需要找到有效的方法来减小这种差异值。而对光斑补偿就是一种较为成熟的改善方式，也就是让光斑往工件里面再偏移光斑大小的二分之一，如果不出现其他的差错，光斑按偏移后的路线扫描，则可极大地减小成型误差。

综上所述，在固化成型过程中，依据零件中存在的误差程度来对补偿直径数值进行控制。

图 2-71 不采用光斑补偿与采用光斑补偿

目前，调整光斑补偿直径的数值，是以成型件的误差来判定的。假设成型工件的理论长度为 L，工件的尺寸误差为 △，光斑直径补偿量为 △ d，实际光斑直径大小为 D_0，则光斑直径补偿公式为：

L+ △ =L+D_0 − △ d（式 2-1）

△ =D0− △ d（式 2-2）

可得光斑直径补偿公式为：D0= △ + △ d（式 2-3）

由上式可知，光斑直径的实际数值是计算机所设置的工件尺寸误差值与光斑直径补偿量之和。

②激光功率、扫描速度、扫描间距的影响

SLA 制作就是由线构成面，再由面构成体的过程。在 SLA 加工时，液体成型材料需要接受光束的照射才能变成固体，而且凝固的程度与光束的能量多少有关，也可以说是和曝光量 E 有关。树脂种类不同，使得树脂的临界曝光量 E_c 也不同，但相同的是，只有当 E ≥ E_c 时，树脂才会被凝固。成型材料接受到的光束能量多少与光束照射深浅的关系呈负指数递减。

图 2-72 激光垂直照射能量衰减图

1）扫描速度、扫描间距以及激光功率三者决定了扫描固化深度。当分层厚度稍大于凝固层的厚度时，不存在层间应力，此时树脂可以自由收缩，主液槽内出现固化薄层随液态树脂流动的现象，这种漂移现象使成型件发生翘曲变形的几率减低，但却会造成层与层之间的错位，当分层厚度稍小于凝固层厚度时，能够让层和层之间黏附起来，并且形变的明显程度会随凝结层面厚度的加大而加剧。

2）最大固化深度一定要穿透分层厚度才可以确保成型加工能够成功完成。只有让激光能量穿过厚厚的一层，才能使相邻两层粘起来。

3）扫描间距和速度是需要被控制的。扫描速度越低，最大固化线宽度越大，这样临近的固化线重合区会变得越大，若扫描速度选择的过大，再配以不合理的扫描间距，这样会导致工件里面应力聚集，树脂不能被凝结充分，只能在二次固化工序中再次被固化，这样会导致更大的形变，对制件质量造成更坏的影响。

4）固化线最大的宽度应小于激光光束的扫描间距。这是因为临近的两条凝结线条必须要某种程度的彼此覆盖，只有这样才能保证被凝结完毕的那部分树脂具有满意的强度。

2.4.5 SLA 技术的应用

SLA 具有成型过程自动化程度高，制作原型表面质量好，尺寸精度高一级能够实现比较精细的尺寸成型等特点，广泛应用于航空、汽车、电器、消费品以及医疗等行业。

SLA 模型在航空航天领域可直接用于风洞试验，进行可制造性、可装配性检验。航空航天零件往往是在有限空间内运行的复杂系统，采用 SLA 原型，不但可以进行装配干涉检查，还可进行可制造性讨论评估，确定最佳的制造工艺。通过快速熔模铸造、快速翻砂铸造等辅助技术，进行特殊复杂零件（如涡轮、叶片、叶轮等）的单件、小批量生产，并进行发动机等部件的试制和试验。航空发动机上的许多零件大多采用精密铸造，对母模精度提出较高要求，传统工艺成本极高且制作时间也很长。采用 SLA 可以直接由 CAD 数字模型制作熔模铸造的母模，时间和成本得到显著降低。数小时之内，就可以由 CAD 数字模型得到成本较低、结构又十分复杂的用于熔模铸造的 SLA 母模。

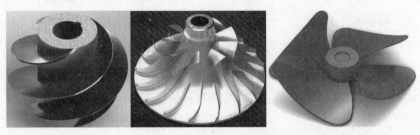

图 2-73 叶轮的 SLA 模型

利用SLA 可以制作出多种弹体外壳，装上传感器后便可直接进行风洞试验。SLA 除去了制作复杂曲面模的成本和时间，可以更快地从多种设计方案中筛选出最优的整体方案，在整个开发过程中大大缩短了验证周期、降低了开发成本，并且可在未正式量产之前对其可制造性和可装配性进行检验。

现代汽车生产的特点就是产品的型号多、周期短。为了满足不同的生产需求，就需要不断地改型。虽然现代计算机模拟技术不断完善，可以完成各种动力、强度、刚度分析，但研究开发中仍需要做成实物以验证其外观形象、工装的可安装性和可拆卸性。对于形状、结构十分复杂的零件，可以用 SLA 技术制作零件原型，以验证设计人员的设计思想，并利用零件原型做功能性和装配性检验。如图 2-74：

图 2-74 汽车面罩模型

SLA 技术还可在发动机的试验研究中用于流动分析。关键是进行透明模型的制造，用传统方法时间长、花费大且不精确；而用SLA技术结合CAD造型仅仅需要4~5周的时间，且花费只为之前的1/3，制作出的透明模型能完全符合机体水箱和汽缸盖的CAD数据要求，模型的表面质量也能满足要求。

SLA技术在汽车行业除了上述用途外，还可以与逆向工程技术、快速模具制造技术相结合，用于汽车车身设计、前后保险杠总成试制、内饰门板等结构/功能样件试制、赛车零件制作等。在铸造生产中，模板、芯盒、压蜡型、压铸模等的制造往往采用机加工方法，有时还需要钳工进行修整，费时耗资，而且精度不高。特别是对于一些形状复杂的铸件（例如飞机发动机的叶片，船用螺旋桨、汽车、拖拉机的缸体、缸盖等），模具的制造更是一个巨大的难题。虽然一些大型企业的铸造厂也备有一些数控机床、仿型铣等高级设备，但除了设备价格昂贵外，模具加工的周期也很长，而且无高质量的软件系统支持，机床的编程也很困难。快速成型技术的出现，为铸模生产提供了速度更快、精度更高、结构更复杂的保障。

图2-75 氧化铝基陶瓷芯的SL原型（左图）变速箱拨叉熔模的SL原型（右图）

2.4.6 DLP激光成形技术

数字光处理（Digital Light Processing，缩写：DLP）是一项使用在投影仪和背投电视中的显像技术。DLP激光成型技术和SLA立体平版印刷技术比较相似，不过它是使用高分辨率的数字光处理器(DLP)投影仪来固化液态光聚合物，逐层的进行光固化，由于每层固化时通过幻灯片似的片状固化，因此速度比同类型的SLA立体平版印刷技术速度更快。该技术成型精度高，在材料属性、细节和表面光洁度方面可匹敌注塑成型的耐用塑料部件。

DLP技术最早是由德州仪器开发的。它至今仍然是此项技术的主要供应商。现在，DLP技术被很多许可制造商所采用，他们销售的产品都是基于德州仪器芯片组的。德国德累斯顿 Fraunhofer 学院（TheFraunhoferInstitut eofDresden）也生产，有着特殊用途的数字光处理器，并把它称作空间光调节器（SpatialLightModulators，SLM）。例如，瑞典 Micronic 激光系统公司（MicronicLaseSystemsofSweden）就将之用在其开发的 Sigma 印版硅模板刻印机中。在最近几年，DLP 技术被应用到 3D 打印行业，其原理基本与 SLA 相同，只不过每次激光成型一个面，这使得成型速度大大提升。

图 2-76 DLP 打印机成型平台

DLP 成型技术在制造物体时一般都是将成型物体逐渐从光敏树脂材料中拉出，而 SLA 成型技术却不尽相同。就目前而言，生产研究 DLP 成型技术的组织、企业和个人较多，颇具代表性的企业为德国的 EnvisionTec 公司。随着 DLP 成型技术的研究，我国也逐渐产生很多研究该项技术的企业，如珠海西通等，同时也有其代表性的产品：西通 DLP3D 打印机。

类型	成型技术	打印材料	代表公司
挤出成型	熔融层积（FDM）	热塑性塑料、共融金属、可食用材料	Stratasys（美）
粒状物料成型	直接金属激光烧结（DMLS）	金属合金	EOS(德国)
	电子束熔炼（EBM）	钛合金	ARCAM（瑞典）
	选择性激光烧结（SLS）	热塑性粉末、金属粉末、陶瓷粉末	3D Systems（美）
	选择性热烧结（SHS）	热塑性粉末	Blueprinter（丹麦）
	基于粉末床、喷头和石膏的三维打印（PP）	石膏	3D Systems（美）
光聚合成型	光固化成型（SLA）	光敏聚合物	3D Systems（美）
	数字光处理（DLP）	液态树脂	EnvisionTec(德国)
	聚合体喷射（PI）	光敏聚合物	Objet（以色列）
层压型	层压板制造(LOM)	纸、塑料薄膜、金属箔	CubicTec（美）

图 2-77 成型技术工艺对比图

DLP 技术属于光聚合成型，打印材料为液态树脂。DLP 成型技术打印出来的物体表面精细度较高，相比 FDM 成型技术打印出来的物体硬度较强，各有千秋。DLP 采用光敏树脂作为打印材料，使用光敏树脂置放在器皿内，然而物体打印时不需要那么多的树脂材料，而且长期暴露在外的光敏树脂很容易变硬，不能再行使用。所以，使用 DLP 成型技术制造物体时容易造成材料的浪费。

◆ DLP 成型技术优点：

1、成型精度高、质量好

2、成型物体表面光滑

3、成型速度快，比 SLA 成型技术更快

◆ DLP 成型技术缺点：

1、DLP 机型造价高，非普通人能够消受

2、DLP 机型液态树脂材料较贵，而且容易造成材料浪费

3、DLP 机型液态树脂材料具有一定的毒性，使用时保持封闭性

思考题

简述 SLA 的成型过程。

SLA 有哪些优缺点？

为什么 SLA 需要支撑？都有哪些支撑形式？各有什么特点？

SLA 采用的光源有哪些？

SLA 的光学扫描系统有哪几种形式？

SLA 有哪些液面控制方式？

为什么 SLA 需要进行温度控制？

DLP 成型工艺的特点。

2.5 选择性激光烧结（SLS）

2.5.1 概述

选择性激光烧结（selectedlasersintering,SLS）又称选区激光烧结，是一种采用激光有选择地分层烧结固体粉末，并使烧结成型的固化层叠加生成所需形状

3D 打印基础教程与设计

零件的工艺。从理论上来说，任何受热后能够黏接的粉末都可以作为 SLS 的原材料，如塑料、石蜡、金属、陶瓷灯。金属粉末的激光烧结技术因其特殊的工业应用，已成为近年来研究的热点，该技术能够使高熔点金属直接烧结成型为金属零件，完成传统切削加工方法难以制造出的高强度零件的成型，尤其是在航天器件、飞机发动机零件及武器零件的制备方面，这对 3D 打印技术在工业上的应用具有重要的意义。

SLS 思想是由美国德克萨斯大学奥斯汀分校的 Dechard 于 1986 年首先提出的。这是一种用红外激光作为热源来烧结粉末材料成型的 3D 打印技术。

DTM 公司（后被 3DSystems 公司收购）于 1992 年推出了 Sinterstation2000 系列商品化 SLS 成型机。世界上另一家在 SLS 技术方面占有重要地位的是德国的 EOS 公司。EOS 公司于 1994 年推出 3 个系列的 SLS 成型机，其中 EOSINTP 用于烧结热塑性塑料粉末，制造塑料功能件及熔模铸造和真空铸造的原型；EOSINTM 用于金属粉末的直接烧结，制造金属模具和金属零件；EOSINTS 用于直接烧结树脂砂，制造复杂的铸造砂型和砂芯。

图 2-78 3DSystemsiPro 系列 SLS

图 2-79 EOSFORMIGAP110 激光粉末烧结系统

国内，北京隆源自动成型系统有限公司从1993年开始研究SLS技术，1994年成功研制第一台国产化激光快速成型机，随后华中科技大学也生产了HRPS系列的SLS成型机。

2.5.2 SLS技术工艺原理

激光选区烧结工艺原理如图2-80所示，该工艺采用CO_2激光器作为能源，目前使用的造型材料多为各种粉末状材料（如塑料粉、陶瓷和黏结剂的混合粉、金属与黏结剂的混合粉）。成形时采用铺粉辊将一层粉末材料平铺在已成形零件的上表面，并加热至恰好低于该粉末烧结点的某一温度，控制系统控制激光束按照该层的截面轮廓在粉层上扫描，使粉末的温度升至熔化点，进行烧结并与下面已成形的部分实现黏接。当一层截面烧结完成后，工作台下降一个层的高度，铺粉辊又在上面铺上一层均匀密实的粉末，进行新一层截面的烧结，如此循环直到完成整个模型。全部烧结完后去掉多余的粉末，再进行打磨、烘干等处理便获得零件。

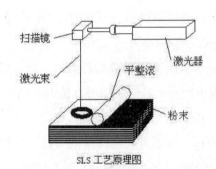

图2-80 激光选区烧结工艺原理图

目前，根据SLS成形材料以及烧结件是否需要二次烧结，金属粉末SLS技术分为直接法和间接法。直接法是指烧结件直接为全金属制件；间接法金属SLS的烧结件为金属粉末与聚合物黏结剂的混合物，要经过降解聚合物、二次烧结等后处理工序才能得到全金属制件。

2.5.3 SLS技术工艺特点

激光选区烧结工艺作为3D打印技术的重要分支之一，是目前发展最快和应用最广的技术之一。它和SLA、CLIP、FDM构成3D打印技术的核心技术。

与其他 3D 打印技术相比，SLS 以选材广泛、无须设计和制造复杂支撑并且可直接生产注塑模、电火花加工电极以及可快速获得金属零件等功能性零件而受到了越来越广泛的重视。选择性激光烧结工艺工作时具体的方法是，依据零件的三维 CAD 模型，经过格式转换后，对其分层切片，得到各层截面的轮廓形状，然后用激光束选择性的烧结一层层的粉末材料，形成各截面的轮廓形状，再逐步叠加成三维立体零件。该工艺具有如下特点。

①可采用多种材料。从原理上说，激光选区烧结可采用加热黏度降低的任何粉末材料，通过材料或各类含黏结剂的涂层颗粒制造出任何实体，适应不同需要。

②制造工艺比较简单。由于可用多种材料，激光选区烧结工艺按采用原料不同，可以直接生产复杂形状的原型、型腔模三维构件及其他少量母模生产，直接制造金属注塑模等。

③高精度。依赖于使用的材料种类和粒径、产品的几何形状和复杂程度，该工艺一般能够达到工件整体范围内 ±（0.05–2.5mm）的公差。当粉末粒径为 0.1mm 以下时，成形后的原型精度可达 ±10%。

④无须支撑结构。和叠层实体制造工艺类似，激光选区烧结工艺也无须设计支撑结构，叠层过程中出现的悬空层面可直接由未烧结的粉末来实现支撑。

⑤材料利用率高。由于激光选区烧结不需要支撑结构，也不像叠层实体制造工艺那样出现工艺废料，也不需要制作基底支撑，所以该工艺在常见的几种 3D 打印工艺中，材料利用率是最高的，可认为是 100%。

激光选区烧结工艺的缺点如下：

①成形零件精度有限。在激光烧结过程中，热塑性粉末受激光加热作用要由固态变为熔融态或半熔融态，然后在冷却凝结为固态。在上述过程中会产生体积收缩，使成形工件尺寸发生变化，因收缩还会产生内应力，再加上相邻层间的不规则约束，以致工件产生翘曲变形，严重影响成形精度。

②无法直接成形高性能的金属和陶瓷零件，成形尺寸零件时容易发生翘曲变形。

③由于使用了大功率激光器，整体制造和维护成本非常高，一般消费者难

于承受。

④目前成形材料的成形性能大多不太理想，成形坯件的物理性能不能满足功能性制品的要求，并且成形性能较好的国外材料的价格都比较昂贵，使得生产成本较高。

2.5.4 SLS 技术工艺应用

激光选区烧结成形技术一直以速度最快、原型复杂系数最大、应用范围最广、运行成本最低著称，在产品概念设计可视化、造型设计评估、装配检验、熔模铸造型芯、精密铸造、快速制模母模等方面得到了迅速应用。

（一）SLS 在快速铸造工艺中的应用

3D 打印与传统铸造技术相结合形成快速铸造技术，其基本原理是利用 3D 打印技术直接或间接地制造铸造用聚乙烯膜、蜡样、模板、铸型、型芯或型壳，然后结合传统铸造工艺，快捷地铸造零件，大大地提高了企业的竞争力。SLS 技术与铸造结合，所得到的铸件精度高、光洁度好，能充分发挥复杂形状制造能力，极大地提高生产效率和制造柔性，经济、快捷，大大缩短制造周期，对铸造产品质量的提高，加速新产品的开发以及降低新产品投产时工装模具的费用等方面都具有积极意义。

（二）SLS 在航空航天中的应用

SLS 在航空航天中的应用主要以下三个方面，一是外形验证，整机和零部件外形评估及测试、验证；二是直接产品制造，例如无人飞机的机翼、云台、邮箱、保护罩等，而美国一些大飞机中也有 30 多个部件采用 SLS 工艺直接制造零件；三是精密熔模铸造的原型制造，采用精密浇铸工艺来制作部件原型。

1）电子电器应用

SLS 工艺在电子产品加工领域有独到的优势，特别适合小尺寸零件的打样和小尺寸塑胶类有力学要求或绝缘要求的零件小批量甚至中等批量的生产。比如塑胶类的卡扣、小电动机的绝缘片、电器接线端子、紧固件、螺钉等。在电器产品方面特别合适小尺寸的结构复杂的外壳件打样。

2）汽车应用

SLS 工艺已经在汽车零部件的开发和赛车的零部件制造方面得到了广泛的

应用。这些应用包括了汽车仪表盘、动力保护罩、装饰件、水箱、车灯配件、油管、进气管路、进气歧管等零件。

3）艺术产品应用

SLS 工艺可以直接制造传统注塑工艺不能脱模的产品，从此塑胶艺术品开始廉价得以普及，也是城市雕塑工程招投标、快速制造样品的首选。

2.5.5 SLS 技术的工艺过程

和其他 3D 打印工艺过程一样，粉末激光烧结 3D 打印工艺过程也分为前处理、叠层制造以及后处理三个阶段。下面以某壳型件的原型制作为例介绍粉末激光烧结 3D 打印工艺过程。

（一）前处理过程

1）CAD 模型及 STL 文件

各种快速原型制造系统的原型制作过程都是在 CAD 模型的直接驱动下进行的，因此有人将快速原型制作过程称为数字化成型。CAD 模型在原型的整个制作过程中相当于产品在传统加工流程中的图纸，它为原型的制作过程提供数字信息。用于构造模型的计算机辅助设计软件应有较强的三维造型功能，包括实体造型（SolidModelling）和表面造型（SurfaceModelling），后者对构造复杂的自由曲面具有重要作用。

目前国际上商用的造型软件 Pro/E、UGNX、Catia、Cimatro、SolidEdge、MDT 等的模型文件输出格式都有多种，一般都提供了直接能够由快速原型制造系统中切片软件识别的 STL 数据格式，而 STL 数据文件的内容是将三维实体的表面三角形化，并将其顶点信息和法矢有序排列起来而生成一种二进制或 ASC Ⅱ 信息。随着 3D 打印制造技术的发展，由美国 3D 系统公司首先推出的 CAD 模型的 STL 数据格式已逐渐成为国际上承认的通用格式。

2）三维模型的切片处理

SLS 技术等快速原型制造方法是在计算机造型技术、数控技术、激光技术、材料科学等基础上发展起来的，在快速原型 SLS 制造系统中，除了 3D 打印设备硬件外，还必须配备将 CAD 数据模型、激光扫描系统、机械传动系统和控制系统连接起来并协调运动的专用操控软件，该软件通常为切片软件。

由于 3D 打印是按一层层截面形状来进行加工的，因此，加工前必须在三维模型上用切片软件，沿成形的高度方向，每隔一定的间隔进行切片处理，以便提取界面的轮廓。间隔的大小根据被成形件精度和生产率的要求来选定。间隔越小，精度愈高，但成形时间越长，否则反之。间隔的范围为 0.1~0.3mm，常用 0.2mm 左右，在此取值下，能得到比较光滑的成形曲面。切片间隔选定之后，成型时每层烧结材料粒度应与其相适应。显然，层厚不得不小于烧结材料的粒度。

（二）分层烧结堆积过程

1）工艺参数

从 SLS 技术的原理可以看出，该制造系统主要由控制系统、机械系统、激光器及冷却系统等几部分组成。SLS3D 打印工艺的主要参数如下。

①激光扫描速度影响着烧结过程的能量输入和烧结速度，通常是根据激光器的型号规格进行选定。

②激光功率应当根据层厚的变化与扫描速度综合考虑选定，通常是根据激光器的型号规格不同按百分比选定。

③烧结间距的大小决定着单位面积烧结路线的疏密，影响烧结过程中激光能量的输入。

④单层厚度直接影响制件的加工烧结时间和制件的表面质量，单层厚度越小制作台阶纹越小，表面质量越好，越接近实际形状，同时加工时间也越长。并且单层厚度对激光能量的需求也有影响。

⑤扫描方式是激光束在"画"制件切片轮廓时所遵循的规则，它影响该工艺的烧结效率并对表面质量有一定影响。

2）原型烧结过程

预热：由于粉末烧结需要在一个较高的材料融化温度下进行，为了提高烧结效率改善烧结质量需要首先达到一个临界温度，为此烧结前应对成形系统进行预热。

原型制作：当预热完毕，所有参数设定之后，便根据给定的工艺参数自动完成原型所有切层的烧结堆积过程。

（三）后处理过程

从 SLS 成形系统中取出的原型包裹在敷粉中，需要进行清理，以便去除敷粉，露出制件表面，有的还需要进行后固化、修补、打磨、抛光和表面处理等，这些工序统称后处理。

1）制件清理

制件清理是将成形件附着的未烧结粉末与制件分离，露出制件真实烧结表面的过程。制件清理是一项细致的工作，操作不当会对制件质量产生影响。大部分附着在制件表面敷粉可采用毛刷刷掉，附着较紧或细节特征处应仔细剔除。制件清理过程在整个成形过程中是很重要的，为保证原型的完整和美观，要求工作人员熟悉原型，并有一定的技巧。

2）后处理

为了使烧结件在表面状况或机械强度等方面具备某些功能性需求，保证其尺寸稳定性、精度等方面的要求，需要对烧结件进行相应的后处理。

对于具有最终使用性功能要求的原型制件，通常采取渗树脂的方法对其进行强化；而用做熔模铸造型芯的制件，通过渗蜡来提高表面光洁度。

另外，若干在原型件表面不够光滑，其曲面上存在因分层制造引起的小台阶，以及因 STL 格式化而可能造成的小缺陷；原型的薄壁和某些小特征结构（如孤立的小柱、薄筋）可能强度、刚度不足，原型的某些尺寸、形状还不够精确，制件表面的颜色可能不符合产品的要求等，通常需要采用修整、打磨、抛光和表面涂覆等后处理工艺。

2.5.6 SLS 技术的成型设备和材料

激光选区烧结设备的研发机构有美国的 DTM 公司、3DSystems 公司，德国的 EOS 公司以及国内北京隆源自动成形设备有限公司、华中科技大学和中北大学。

北京隆源自动成型系统有限公司目前已拥有具备完全自主知识产权的砂模 / 蜡模 / 高性能高分子材料打印（SLS）成套设备，包括 AFS-360、AFS-500、LaserCore-5100、LaserCore-5300、LaserCore-7000 等型号，各规格对应的基本参数如表 2-5 所示。

表 2-5 北京隆源 SLS 设备技术参数

基本参数					
型号	AFS-360	AFS-500	LaserCore-5100	LaserCore-5300	LaserCore-7000
成型空间 L×W×H（mm）	360×360 ×500	500×500 ×500	560×560 ×500	700×700 ×500	1400×700 ×500
外形尺寸 L×W×H（mm）	1660×910 ×1960	1960×1210 ×2170	1960×1130 ×2250	1960×1500 ×2600	2760x1560 x3310
分层厚度	0.08~0.3mm	0.08~0.3mm	0.08~0.35mm		
电源要求	380VAC/6KW	380VAC/8KW	380VAC/50Hz/15KW		
光学性能					
激光器	CO_2 射频 55W	CO_2 射频 55W	CO_2 射频 55W/100W	CO_2 射频 100W	CO_2 射频 100W
最大扫描速度	2000mm/s	6000mm/s	8000mm/s		
其他参数					
成型材料	树脂砂 / 精铸模料 / 工程塑料				
控制软件	AFSWin				
数据格式	.STL				
可靠性	无人看管下工作				

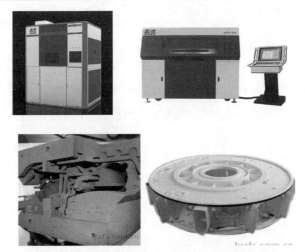

图 2-81 AFS 和 LaserCore 系列设备及成型件

华中科技大学目前已经研制成功世界上成形范围最大的 HRPS 系列激光选区烧结设备，如图所示。该设备以粉末为原料，可直接制成蜡模、砂芯（型）或塑料功能零件，其平面扫描范围达 1400mm×1400mm×500mm，制件精度为 200mm±0.2mm 或 ±0.1%，层厚为 0.08~0.3mm。HRPS 系列粉末烧结快速成形系统规格见表 2-6。

图 2-82 HRPS 系列快速成形设备及成形件

表 2-6 HRPS 系列粉末烧结快速成形系统规格

基本参数					
型号	HRPS- Ⅱ	Ⅳ	Ⅴ	Ⅵ	Ⅶ	Ⅷ
成形空间 L×W×H（mm）	320×320× 450	500×500× 400	1000×1000 ×600	1200×1200 ×600	1400×700 ×500	1400×1400 ×500
外形尺寸 L×W×H（mm）	1610×1020 ×2050	1930×1220 ×2050	2150×2170 ×3100	2350×2390 ×3400	2520×1790 ×2780	2390×2600 ×2960
分层厚度	0.08~0.3mm					
制件精度	±0.2mm(L≤200mm）或 ±0.1%（L＞200mm）					
送粉方式	三缸式下送粉	上／下送粉	自动上料、上送粉			
电源要求	三相四线、50Hz、380V、40A		三相四线、50Hz、380V、60A			
光学性能					
激光器	CO$_2$、进口					
最大扫描速度	4000mm/s	5000mm/s	8000mm/s		7000mm/s	7000mm/s
扫描方式	振镜式聚焦		振镜式动态聚焦			
其他参数					
成形材料	HB 系列粉末材料（聚合物、覆膜砂、陶瓷、复合材料等）					
系统软件	PowerRp 终身免费升级					
软件工作平台	Windows2000 运行环境					
可靠性	无人看管下工作					

　　美国 3DSystems 是一家实力很强、设备很齐全的 3D 打印设备公司，其中主要以光固化设备和 SLS 设备为主，成形材料为树脂和高分子材料。目前也开发了成形金属材料的 sPro140SLS 和 sPro230SLS 设备，如图 2-83 所示，3DSystems 系列粉末烧结快速成形系统规格见表 2-7。

图 2-83 sPro140SLS 及打印模型件

表 2-73 DSystems 系列粉末烧结快速成形系统规格

规格	sPro140Base	sPro140HS	sPro230Base	sPro230HS
建模外容量	550mm×550mm×460mm，139L		550mm×550mm×750mm，227L	
粉末压模工具	精密对转辊			
层厚范围	最小 0.08mm，最大 0.15mm（0.1mm）			
成像系统	proScanDX 数字成像系统	proScanGX 双模式高速数字成像系统	proScanDX 数字成像系统	proScanGX 双模式高速数字成像系统
扫描速度	10m/s	15m/s	10m/s	15m/s
激光功率 / 类型	70W/CO2	200W/CO2	70W/CO2	200W/CO2
建模体积速率	3L/h	5L/h	3L/h	5L/h
电源系统	208V/17KVA,50/60Hz，3-phase（System）			

激光烧结粉末材料的作用本质上是一种热作用。从理论上讲，所有受热后能相互黏结的粉末材料或表面覆有热塑（固）性黏结剂的粉末都能用作选择性激光烧结的材料。但要真正用作选择性粉末激光烧结 3D 打印材料，则粉末材料具有良好的热塑性，一定的导热性，粉末经激光束烧结后要有足够的黏结强度；粉末材料的粒度应适当，否则会影响成形件的精度，而且选择性粉末激光烧结 3D 打印材料还应有较窄的"软化－固化"温度范围，该温度范围较大时，制作的精度会降低。国内外使用的激光烧结粉末材料主要有蜡、高分子材料粉（包括尼龙、聚苯乙烯、聚碳酸醋等）、金属、陶瓷的包衣粉或与高分子材料的混合物等。

一般来说，选择性粉末激光烧结 3D 打印工艺对烧结材料的要求如下：具有良好的烧结成形性能，即无须特殊工艺即可快速精确的成形；对于直接制作功能件时，其力学性能和物理性能（包括强度、刚性、热稳定性及加工性能）要满足使用要求；当成形件被间接使用时，要有利于快速、方便地进行后续处理和加工。常见的选择性粉末激光烧结快速工艺采用的材料如下。

（一）蜡粉

用做选择性粉末激光烧结 3D 打印的蜡粉既要具备良好的烧结成形性，又要考虑后续的精密铸造工艺。传统的熔模精铸用蜡（烷烃蜡、脂肪酸蜡等）其熔点在60℃左右，烧熔时间短，烧熔后残留物少，但其蜡模强度较低，难以满足精细、复杂结构铸件的要求；另外对温度敏感，烧结时熔融流动性大，使成形不易控制；粉末的制备也比较困难。针对这一情况，国内外一些研制了低熔点的高分子蜡的复合材料代替实际意义上的蜡粉；为满足精密铸造的要求，开发可达到精铸蜡模要求的烧结蜡粉正在积极研究中。

（二）聚苯乙烯

聚苯乙烯属于热塑性塑料，其受热后可熔化、黏结，冷却后可以固化成形。聚苯乙烯材料吸湿率小，仅为0.05%，收缩率也比较小，其粉末材料经改性后，可以作为选择性激光烧结用粉末材料。该粉末材料熔点较低，烧结变形小，成形性良好，且粉末材料可以重复利用。其烧结的成形件经浸树脂后可进一步提高强度用做功能件；经浸蜡处理后，也可以作为精密铸造的蜡模使用。由于其成本低廉，目前是国内使用最为广泛的一种选择性粉末激光烧结3D打印材料。

（三）工程塑料（ABS）

ABS与聚苯乙烯的烧结成形性能相近，烧结温度比聚苯乙烯材料高20℃左右。但是ABS烧结成形的工件的力学性能较高，其在国内外被广泛用于制作要求性能高的快速制造原型及功能件。

（四）聚碳酸醋（PC）

聚碳酸醋烧结性能良好，烧结成形工件力学性能高、表面质量较好，且脱模容易，主要用于制造熔模铸造的消失模，比聚苯乙烯更适合制作现状复杂、多孔、薄壁铸件。另外，聚碳酸醋烧结件可以通过渗入环氧树脂及其他热固性树脂来提高其密度和强度来制作一些要求不高的模型。

（五）尼龙（PA）

尼龙材料可由选择性激光烧结成形方法烧制成功能零件，目前应用较多的有四种成分的材料：标准的DTM尼龙，DTM精细尼龙，DTM医用级的精细尼龙、原型复合材料。

（六）金属粉末

粉末激光烧结快速成形采用的金属粉末，按其组成情况可以分为三种：单一的粉末；两种金属粉末的混合体，其中一种具有低熔点，起黏结剂作用；金属粉末和有机树脂粉末的混合体。目前多采用有机树脂包裹的金属粉末来进行激光烧结3D打印制造工件。

（七）覆膜陶瓷粉末

覆膜陶瓷粉末制备工艺与覆膜金属粉末工艺类似。常用的陶瓷颗粒为Al_2O_3、ZrO_2和SiC等。采用的黏结剂为金属黏结剂和塑料黏结剂（包括树脂、聚乙烯蜡、有机玻璃等），有时也采用无机黏结剂，如聚甲基丙烯酸醋作为黏结剂，可以制备铸造用陶瓷型壳。

（八）覆膜砂

可以利用铸造用的覆膜砂进行选择性激光烧结快速成形制备形状复杂的工件的型腔来生产一些形状复杂的零件，也可以直接制作型芯等。铸造用的覆膜砂制备，工艺已经比较成熟。

（九）纳米材料

用粉末激光烧结快速成形工艺来制备纳米材料是一项新工艺。目前所烧结的纳米材料多为基体材料与纳米颗粒的混合物，由于其纳米颗粒极其微小，在不是很大的激光能量冲击作用下，纳米颗粒粉末就会发生飞溅，因而利用SLS方法烧结纳米粉末体材料是比较困难的。

思考题

1、简述SLS的成型过程

2、SLS有哪些优缺点？

3、SLS成型的原材料有哪些？

4、SLS包括哪些后处理方式？

2.6 连续液体界面提取技术（CLIP）

2.6.1 CLIP成型工艺概述

CLIP，全名是：ContinuousLiquidInterfaceProductiontechnology（连续液体界面提取技术）。现有的3D打印工艺使用液态树脂，在一个缓慢的过程中逐层打制作出物品：先打印一层，固化它，补充树脂材料，然后再打印一层，周而复始，直到打印完成。而在 CLIP 工艺中，一个投影机从下方用紫外线显示连续的、极薄的物品横截面。紫外线在一缸液态树脂中以横截面方式硬化液体。与此同时，一台升降机不断将成形的物体捞出树脂缸。

2.6.2 CLIP 工艺成型过程

CLIP 打印机的关键之处位于树脂缸的底部：那里有一个窗口让氧气和紫外线通过。因为氧气可以阻碍固化过程，缸底的树脂连续形成一个"死区"，不会固化。而这个"死区"非常之薄，只有几个红细胞那么厚。因此紫外线可以通过，并固化其上方没有接触氧气的树脂。不会有树脂粘在缸底，而打印速度变得非常快，因为它不是在空气中，而是在树脂里打印的（在空气中打印，由于氧气存在，固化速度就会减缓）。当打印机捞起成形的物品时，吸嘴会往缸底添加低氧树脂。

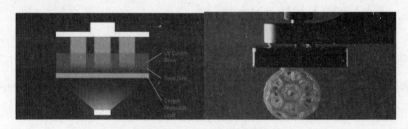

图 2-84 CLIP 成型工艺图

2.6.3 CLIP 成型工艺的优势

CLIP 不仅大大加快了固化过程，同时也能打印出更顺滑的 3D 物品。这种工艺不是等待 3D 物品一层层地固化，而是采取了连续打印的方式，制作出来的物品可以和注塑零件媲美。CLIP 的发明者还表示，他们可以生产更精细的物品——小于 20 微米（和丙烯酸纤维一样厚）——而且可以使用弹性材料，以及某些生物材料。目前的大部分 3D 打印机都无法使用这些材料。此外，CLIP 的打印过程看起来真的很炫酷——发明者甚至说，他们从电影《终结者 2》中著名的液态金属机器人 T-1000 那里受到了启发。这种新工艺大大提升了打印速度。CLIP 的发明者说，它打印物品的速度是老式 3D 打印方法的 25 到 100 倍。

据了解，CLIP 打印技术的优点为：

较目前其它 3D 打印技术，CLIP 可提升 25 至 100 百的打印速度，打印上述演示中的球需要的时间对比如下图，CLIP 只花 6.5 分钟，而 SLA 耗时 11.5 小时。

图 2-85 CLIP 成型工艺优势对比图

CLIP 打印精度较高，如下图 2-86 对比所示：

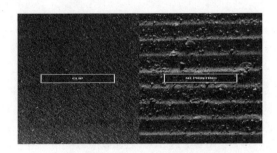

图 2-86 CLIP 成型工艺打印精度较高

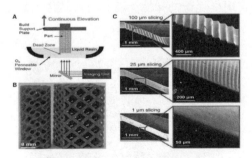

图 2-87 CLIP 成型工艺优势图

2.6.4 CLIP 成型工艺材料

RPU: 硬质聚氨酯,在压力下表现得相当出色,同时具备了强度、刚度及韧性,

111

适用于消费电子、汽车以及特别需要优异力学性能的工业部件领域。

图 2-88 RPU 硬质聚氨酯材料

FPU：柔性聚氨酯，它是一种半刚性材料，具有相当好的耐冲击、耐磨损和耐疲劳特性。这种多用途的材料可用于那些需要更多的韧性来承受反复压力的地方，比如铰链结构等。

图 2-89 FPU 柔性聚氨酯材料

EPU：弹性聚氨酯，它是一种高性能的高分子弹性体。它在循环拉伸和压缩载荷作用下能够表现出优秀的弹性。EPU 可以用于诸如缓冲器、垫片、密封件等需要高弹性、抗冲击和抗撕裂性能的地方。

图 2-90 EPU 弹性聚氨酯材料

CE：即氰酸酯树脂，它是一种高性能材料，其热变形温度高达 219 摄氏度。它的突出特点就是优良的强度、刚度和长期热稳定性，CE 可用于引擎盖下的应用，以及制作需要经常在较高温度下运行的电子或者工业部件。

图 2-91 CE 氰酸酯树脂材料

（5）PR：即原型树脂，这种树脂打印速度快、具有出色的分辨率、性能良好，足以承受适度的功能测试。它有六种颜色——青色、洋红色、黄色、黑色、白色和灰色。这些颜色也可以通过相互混合来创建出其它自定义颜色。

图 2-92 PR 原型树脂

2.7 多射流熔融成型技术（MJF）

2.7.1 MJF 多射流熔融成型技术原理

MJF 技术主要是利用两个单独的热喷墨阵列来制造全彩 3D 物体的。打印时，其中一个会左右移动，喷射出材料，令一个会上下移动，进行喷涂、上色和沉积，令成品得到理想的强度和纹理。随后，两个阵列会改变方向从而最大化覆盖面和生产力。接着，一种细化剂会喷射到已经成型的结构上。之后，外部会对已经和正在沉积的部分加热。这些步骤会往复循环，直至整个物体以层层堆积的方式打印完成。惠普表示，这种优化的打印方式不仅令 MJF 具备了 10 倍于选择性激光烧结（SLS）技术和熔融沉积成型（FDM）技术的超高速度，而且不会牺牲打印精度。

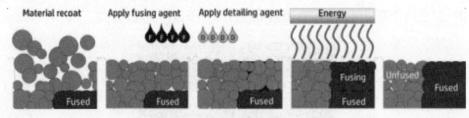

图 2-93 MJF 多射流熔融成型技术原理图

（1）铺设成形粉末；

（2）喷射熔融辅助剂 (fusingagent)；

（3）喷射细化剂 (detailingagent)；

（4）在成形区域施加能量使粉末熔融；（注意：喷射细化剂的区域并没有被熔融）重复 1-4 直到所有的层片成形结束。

HP 打印机的核心是位于工作台上的两个模块：分别叫做"铺粉模块"和"热喷头模块"如图 2-94 所示。"铺粉模块"是用来在打印台上铺设粉末材料的。"热喷头模块"则是用来喷射"熔融剂"和"细化剂"这两种化学试剂的，而该模块正是惠普这款打印机的最大亮点——它能以每秒每英寸 3000 万滴的量喷射这两种试剂。

▲铺粉模块　　　　　　▲热喷头模块

图 2-94 铺粉模块、热喷头模块

实际的打印过程如图 2-95 所示："铺粉模块"会首先上下移动铺设一层均匀的粉末。然后，"热喷头模块"会左右移动喷射两种试剂，同时通过两侧的热源加热融化打印区域的材料。这个过程会往复进行，直至最后打印完成。

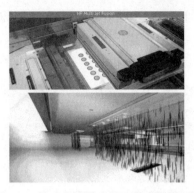

图 2-95 热喷头模块喷射两种试剂并加热

需要指出的是，"熔融剂"会喷射到打印的部分（即打印对象的横截面），作用是让粉末材料充分融化；"细化剂"则会喷射在打印区外边缘，作用是保证打印层表面光滑，提高打印件的精细度。下面放大看看HP打印机的过程模拟：

图 2-96 铺设粉末、喷射"熔融剂"（黑色）和"细化剂"（蓝色）

2.7.2 MJF 多射流熔融成型技术特点

传统的 3D 打印技术往往需要牺牲精度和表面光洁度来实现零件的强度，或者相反。而 MJF3D 打印工艺将使打印部件的质量无论是强度还是表面质量都类似注塑成型的产品。他们将在其专有的打印工艺中通过使用多种粘合剂和固化剂来实现这一目标。MJF 的喷墨组件是如此精确，它可以选择性地将熔剂施加到对象特定的点上以获得最大的粘合度，同时，使用一种精细的介质，该公司可以减少或者增加融合度，以获得不同的纹理、表面和耐久度。其结果是该技术的打印速度和广泛的适用性都是其它 3D 打印技术无法望其项背的。开放性和材料的可控性是惠普 MJF（多射流熔融）技术的核心优势。主要优势如下：

1）速度快，超过普通技术的 10 倍。下图就是以打印齿轮为例的速度对比，可以看到同样耗费 3 小时，惠普多喷射熔融（MJF）技术足足打印出了 1000 个，远超过 FDM 以及 SLS 技术。

图 2-97 MJF 与其他技术对比

2）打印件质量高。下面就是一个小验证，用打印的椭圆形结构吊起了一辆汽车。这个结构打印只用了 30 分钟，重 1/4 磅（约 113 克），却可提起最高 5 吨的重量。

图 2-98 打印椭圆形结构件吊起汽车

3）高精度。打印机喷头可以达到 1200dpi 的精度，考虑到粉末的扩散，在 XY 方向的精度可以达到约 40 微米。

该技术也有许多技术限制，主要如下：

1）材料限制：现在可用材料为尼龙 12（PA12），而更多可用材料取决于 HP 对于细化剂的开发；对于金属器件的打印，可能无法使用一体机，因为直接在设备内部进行烧结 / 熔融需要的高温会影响电子器材包括喷头的运行。

2）材料污染：在喷射了细化剂的区域，粉末并没有被烧结，有可能造成粉末的污染（因为这些喷射了细化剂的粉末如果被后续用在成形区域可能不会被熔融）。

3）可选颜色：HP 所用的熔融辅助剂包含了可以吸收光波的物质（可能为炭黑等深色材料），因而所展示的样品为深色；而打印白色等浅色可能会降低能量吸收，从而会增加成形时间，有可能导致无法成形；对于全彩器件的打印，同时需要考虑色素的耐高温能力。

第三章　三维模型设计软件

3.1 3DOnePlus

3.1.1 3DOnePlus 的软件界面

3DOnePlus 的设计界面非常简洁直观，几乎把所有的设计模型时需要用到的命令都集成在软件左侧的"命令工具栏"中，这大大缩短了刚开始接触这款软件的设计者在建模时找寻命令所花费的时间；同时，3DOnePlus 内置命令的种类和数量较为精简，非常适合作为三维建模的入门软件进行学习。

3DOnePlus 这种简洁舒适的友好交互界面，让设计过程变得更加轻松和愉快，除刚才提到的"命令工具栏"以外，3DOnePlus 的界面还包括菜单栏、标题栏、工作区、视图导航器、辅助工具栏和本地、网络资源库。

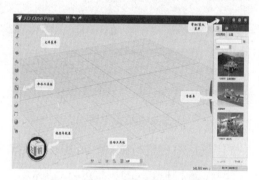

图 3-1 3DOnePlus 的软件界面

菜单栏：菜单栏的主要功能有文件新建、打开、导入、保存、导出等；标题栏显示当前正在编辑模型的名称等；

命令工具栏：命令工具栏中包含了制作模型时需要用到的的各种命令；

工作区：展示、观察、编辑模型的地方；

视图导航器：视图导航器可以调节观看工作区的角度，可以从一个特定的视图或角度上去观察和编辑模型；

浮动工具栏：浮动工具栏上包含了模型的显示模式以及过滤器列表；

资源库：提供本地和网络的模型预览和下载。

3.1.2 3DOnePlus 基本操作

在开始学习一款软件时，一定要学习这款软件的基础操作，这些操作一般包括模型的导入和导出、对模型的观察、特殊视图的调用以及一些基础的模型编辑命令等，只有在熟悉软件基础操作的情况下，我们才能深入地学习并理解那些更加复杂的命令，设计出更加美观、严谨的作品。

（一）3DOnePlus 模型观察操作

在编辑模型时，需要将视角移动到模型需要编辑的地方，在一般的三维建模软件中，对于模型的观察可分为平移、旋转和缩放三种，通过这三种操作，就可以把模型需要编辑的部分以适合的位置、角度和大小呈现在屏幕上。

①平移：单击并按住鼠标左键进行拖拽，可以对软件的工作区中显示的内容进行平移观察。

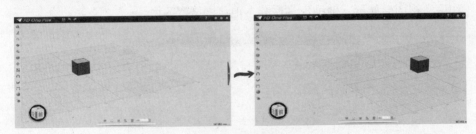

图 3-2 模型平移

②旋转：单击并按住鼠标右键进行拖拽，可实现"旋转"指令，该指令可以实现从不同角度对模型或整个工作区的场景进行观察。

图 3-3 旋转命令

当单击鼠标右键并开始拖拽时，若鼠标并没有放在任何一个三维实体上，旋转中心会落在模型的中心位置或底层网格的中心位置；若鼠标放在三维实体上执行旋转观察命令，则旋转中心会落在该鼠标所在点上。

③缩放：将鼠标放在进行缩放的物体上，调节鼠标滚轮，即可实现"缩放"命令，该命令可以实现更细致地观察模型，或观看模型的整体外观。

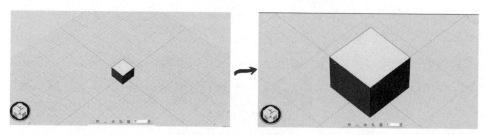

图 3-4 模型命令

值得注意的是，以上三个命令只会改变观察模型的角度、位置和远近，并不会对模型的尺寸或其他任何参数产生影响，一定要注意这三个命令与模型编辑中的"移动"和"缩放"命令的区别。

（二）特殊视图的调用

在软件界面的左下角，有一个像骰子一样的结构，这就是视图导航器。可以通过点击视图导航器其中一个面的方式来将自己工作区的视角切换到相应的视图位置。

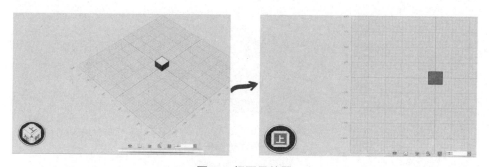

图 3-5 视图导航器

使用视图导航器可以更好地对模型的位置、角度等参数进行调节，也可以使用如"草图绘制"等一系列模型编辑命令。

（三）模型的导入和导出

点击软件左上方"3DOnePlus"图标，调出"文件菜单"。

图 3-6 文件菜单

①点击"新建"，软件会清除正在编辑的模型，并将界面恢复至初始状态；

②"打开"和"保存"可以导入 Z1File 格式的文件，或将目前正在编辑的模型保存为 Z1File 格式的文件，该格式文件只能被 3DOnePlus 及 3DOne 其他版本软件读取。

③"导入"、"导出"和"另存为"可以识别三维建模软件中通用格式的文件，对这些通用格式的文件进行导入并修改，或将其导出并保存。

3.1.3 模型设计实战

案例一：美元笔筒

图 3-7 美元笔筒模型

学习目标

学习使用"预置文字"命令

将平面草图转化为三维实体

学习使用"DE 偏移"命令改变基本体的形状

学习使用"组合编辑"中的"加运算"与"减运算"

开始制作

通过观察可以看出，模型的外观形状是由一个美元"＄"符号生成的三位实体加上一个底座组成的，然后分别对其进行制作。

笔筒部分的制作

①首先我们需要进行美元符号"＄"的制作，可以使用"草图绘制"中的命令自行绘制，也可使用"草图绘制"中的"预置文字"命令生成相应的文字符号。

图 3-8 草图绘制命令

②选择基准面作为草图绘制的平面，确定绘制的起始点；在左上角对话框"文字"中输入想要生成的字符草图，由于"＄"符号不能被本软件直接生成，可以先绘制出字母"S"的形状，再对其进行补充。

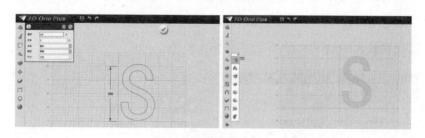

图 3-9 草图绘制字母 S

③创建完成后点击软件正上方的"√"，即可完成本草图的绘制。

④使用"特征造型"中的"拉伸"命令，将创建好的文字草图转换为三维实体。

⑤如图 3-10，拉伸高度设为 40（单位：mm）。

⑥创建一个长 20 宽 120 高 40 的六面体（单位：mm）。

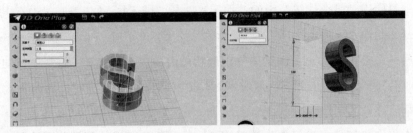

图 3-10 模型 S 的拉伸

⑦使用"基本编辑"下的"移动"命令，将该六面体与"S"形实体移动到合适的位置。

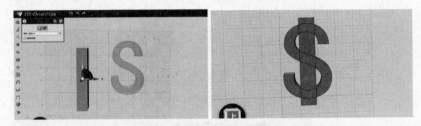

图 3-11 基本体下的移动命令

⑧如图 3-11，移动后的大致效果。

底座的制作

①通过观察可以发现，底座模型是由两个形状相同的三维实体构成的，以通过草图绘制再拉伸的方式得到该形状，也可使用其他方式。

②创建长 80，宽 40，高 5 的六面体（单位：mm）。

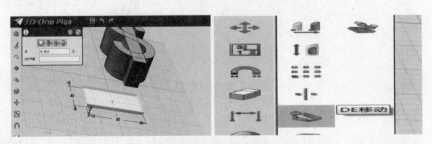

图 3-12 草图绘制底座

③选择"基本编辑"下的"DE 偏移"命令。

④选中图中相应位置的六面体的表面。

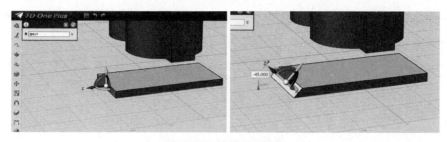

图 3-13 基本体偏移

⑤将其进行如图所示的旋转变换，旋转角度为 45°。

⑥对另一边也使用相同的命令进行处理，得到如图 3-13 所示的形状。

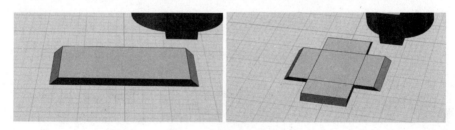

图 3-14 旋转命令操作

⑦用以上命令再制作一个形状相同、角度不同的三维实体，得到如图 3-14 所示效果。

细节处理

①使用"组合编辑"中的"加运算"，将"$"形状的实体模型合并为一个整体。

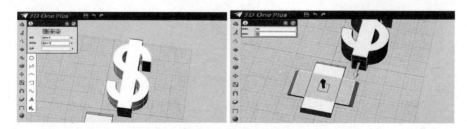

图 3-15 组合编辑的加运算

②如图 3-15，使用"自动吸附"命令将"＄"形实体与底座吸附在一起。

③创建一长 16，宽 120，高 36 的六面体（单位：mm）。

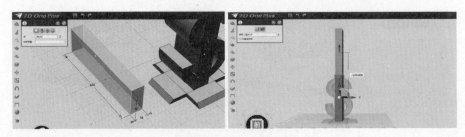

图 3-16 自动吸附命令

④使用"自动吸附"命令将创建好的六面体与笔筒的上表面吸附在一起。

⑤如图 3-16 将六面体沿 Z 轴平移 -120 个单位。

图 3-17 减运算命令

⑥使用"组合编辑"中的"减运算"，将笔筒中六面体所在部分实体减去，得到如图 3-17 效果。

⑦绘制如图 3-18 所示的平面草图。

图 3-18 绘制平面草图

⑧使用"特征造型"下的"拉伸"命令，拉伸高度设为 5（单位：mm）。

⑨使用"自动吸附"命令，将生成的三维实体与笔筒底座的表面进行吸附。

图 3-19 拉伸命令及加运算操作

⑩对模型的各部分进行"加运算"操作，即可完成制作。

案例二：小型代步车

图 3-20 小型代步车模型

学习目标

能够使用"草图绘制"命令绘制较为复杂的草图；

使用"草图编辑"对绘制好的草图进行修改；

学会使用"DE 面偏移"命令，并将其与"DE 移动"进行区分；

学习制作一体打印的可活动结构

车轮的制作

①如图 3-21，在网格的中心位置创建一半径 35 高 10 的圆柱体（单位 mm）。

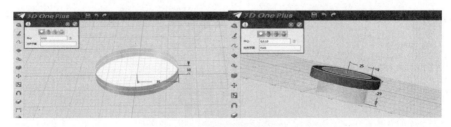

图 3-21 绘制圆柱体

②在圆柱体上表面的中心位置继续创建一半径 25 的圆柱体（单位：mm），圆柱体位置关系如图 3-22 所示。

③选择"减运算"命令，将两圆柱体相交部分减去。

④对图中所示边进行"圆角"操作，半径为 5（单位：mm）。

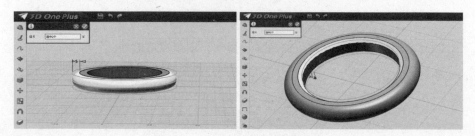

图 3-22 减运算及圆角操作

⑤对图中所示边进行"倒角"操作，距离设置为 2（单位：mm）。选择"草图绘制"下的"正多边形"命令，绘制一外切圆半径为 30 的正三角形（单位：mm）。

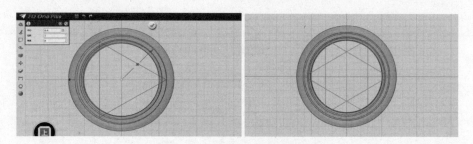

图 3-23 倒角及正多边形命令

⑥重新绘制一尺寸相同的正三角形，二者位置关系如图 3-23 所示。继续对该草图进行绘制，绘制结果如图 3-24 所示，网格中心区域的两圆半径分别为 4mm 和 2mm。

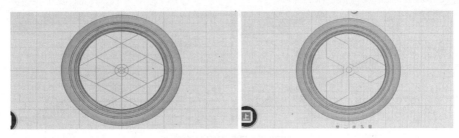

图 3-24 修剪命令操作

⑦选择"草图编辑"下的"单击修剪"命令，对该草图进行修剪，得到如图 3-25 所示结果。对该草图进行"拉伸"操作，高度设置为 2（单位：mm）。

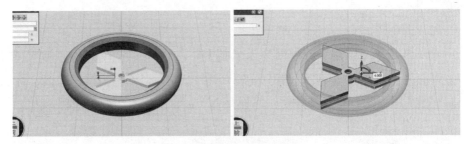

图 3-25 拉伸及移动命令

⑧选择"移动"命令，将该形状沿 Z 轴平移 4 个单位。选择"草图绘制"命令，在网格中心点绘制一半径 1.5mm 的圆。

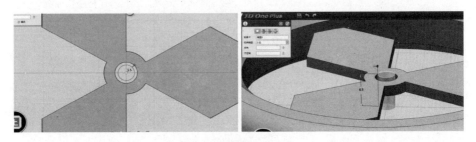

图 3-26 草图绘制命令

⑨对该草图进行"拉伸"操作，高度设为 6.5mm。选择"拉伸"命令，拉伸平面如图所示，拉伸高度设为 5.5mm。

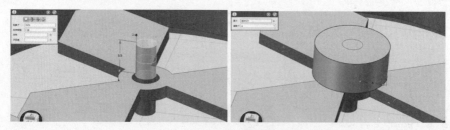

图 3-27 DE 面偏移命令

⑩选择"DE 面偏移"命令，偏移面选择如图 3-27 所示圆柱体侧面，偏移距离设为 4mm。使用"吸附"、"移动"和"镜像"等命令，将生成的新圆柱体镜像至车轮对侧，并将与其相连的三维实体进行"加运算"的操作，形成轴承的结构。

车身的制作

①选择"草图绘制"，以网格为绘制平面，绘制如图 3-28 所示草图，之后点击软件正上方的"√"，完成本张草图的绘制。以网格为绘制平面，分别绘制如图所示草图，之后点击软件正上方的"√"，完成本张草图的绘制。

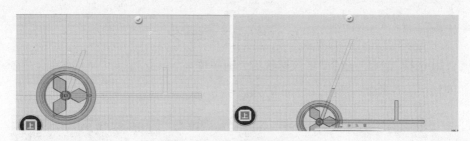

图 3-28 绘制草图

②使用"镜像"或"复制"命令，生成后轮结构。

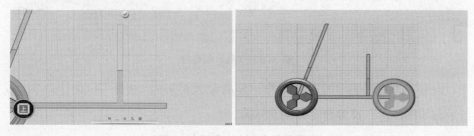

图 3-29 镜像、复制命令的操作

③对草图进行"拉伸"操作，并通过"镜像"命令得到如图 3-30 所示结构。

图 3-30 拉伸、镜像命令操作

④在车把与车身连接平面处创建草图，如图 3-30 所示，之后选择"拉伸"命令，对该草图进行高度为 20mm 的拉伸操作。选择如图 3-30 所示平面，对该平面进行高度为 20mm 的拉伸操作。选择"DE 面偏移"命令，对如图 3-31 所示圆柱体的侧面进行距离为 1mm 的偏移操作。

图 3-31 车把制作命令

⑤选择"特征造型"下的"圆角"命令，操作对象如图 3-32 所示，圆角半径为 2，完成操作后将车把整体镜像至车身对侧。

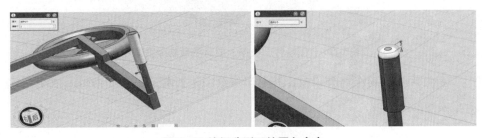

图 3-32 特征造型下的圆角命令

⑥如图 3-33，以网格为平面绘制车座草图。

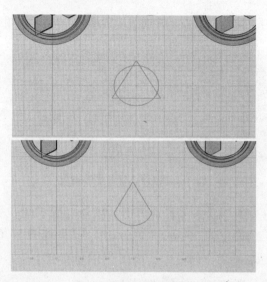

图 3-33 绘制车座草图

⑦选择"草图编辑"下的"单击修剪"命令,将草图修剪为如图3-34所示形状,完成后对草图进行"拉伸"操作,拉伸高度设为10mm。对图中所示对象进行"圆角"操作,圆角半径为5mm,完成后选择"自动吸附"命令,将该三维实体放置在车座的位置上。

图 3-34 草图修剪、拉伸、圆角及自动吸附命令

⑧为代步车制作一脚踏板,并对车身细节进行相应调整,即可完成小型代步车模型的制作。

图 3-35 小型代步车模型

课后创作任务

《爱学习的你，适合怎样的书架》，请根据此主题来设计一个书架，没有要求没有限制，只需要你脑洞大开，天马行空的创想。开始吧，小伙伴们。

3.2 SolidWorks

3.2.1 SolidWorks 软件介绍

（一）SolidWorks 软件的发展历程

SolidWorks 公司成立于 1993 年，由 PTC 公司的技术副总裁与 CV 公司的副总裁发起，总部位于马萨诸塞州的康克尔郡（Concord,Massachusetts）内，当初的目标是希望在每一个工程师的桌面上提供一套具有生产力的实体模型设计系统。从 1995 年推出第一套 SolidWorks 三维机械设计软件至今已经拥有位于全球的办事处，并经由 300 家经销商在全球 140 个国家进行销售与分销该产品。

SolidWorks 软件是世界上第一个基于 Windows 开发的三维 CAD 系统，由于技术创新符合 CAD 技术的发展潮流和趋势，SolidWorks 公司于两年间成为 CAD/CAM 产业中获利最高的公司。由于 SolidWorks 出色的技术和市场表现，不仅成为 CAD 行业的一颗耀眼的明星，也成为华尔街青睐的对象。终于在 1997 年由法国达索公司以三亿一千万美元的高额市值将 SolidWorks 全资并购。公司原来的风险投资商和股东，以一千三百万美元的风险投资，获得了高额的回报，创造了 CAD 行业的世界纪录。并购后的 SolidWorks 以原来的品牌和管理技术队伍继续独立运作，成为 CAD 行业一家高素质的专业化公司，SolidWorks 三维机械设计软件也成为达索企业中最具竞争力的 CAD 产品。

（二）SolidWorks 软件特点：

①强大、全面的功能

Solidworks 软件功能强大，组件繁多，能够为设计者提供不同的设计方案、减少设计过程中的错误、提高产品质量。由于 SolidWorks 丰富的功能，使得其受到航空航天、机车、食品、机械、国防、交通、模具、电子通讯、医疗器械、娱乐工业、日用品 / 消费品、离散制造等多个行业设计人员的青睐。

②创新性的设计思路和操作方式

SolidWorks 采用了 WindowsOLE 技术、直观式设计技术、先进的 parasolid 内核（由剑桥提供）以及良好的与第三方软件的集成技术，这使得 SolidWorks 成为全球装机量最大、最好用的软件之一。

SolidWorks 独有的拖拽功能使用户在比较短的时间内完成大型装配设计。SolidWorks 资源管理器是同 Windows 资源管理器一样的 CAD 文件管理器，用它可以方便地管理 CAD 文件。使用 SolidWorks，用户能在比较短的时间内完成更多的工作，能够更快地将高质量的产品投放市场。

③界面简洁、易学易用

SolidWorks 是一款机械设计自动化软件，在机械设计、大型装配体设计方面具有很大优势，适合三维建模的初学者以及从事三维建模行业学习和工作的人群使用。SolidWorks 最大的特点在于其易学易用，对于熟悉微软的 Windows 系统的用户，基本上就可以用 SolidWorks 来进行设计了。

新用户很容易上手，图标设计简单明了，帮助文档详细，自带教程丰富，又采用核心汉化，易学易懂。在强大的设计功能和易学易用的操作（包括 Windows 风格的拖 / 放、点 / 击、剪切 / 粘贴）协同下，使用 SolidWorks，整个产品设计是可百分之百可编辑的，零件设计、装配设计和工程图之间的是全相关的。

（三）3D 打印与 SolidWorks

SolidWorks 是一款基于特征的参数化三维建模软件，通过对特定对象施加约束的方式，极大的减少了模型构建时产生的误差，确保了 3D 打印成型制件的尺寸精度。

SolidWorks 支持模型参数化关联驱动功能，即通过对参数方程式中某一参数进行改动，与之相关的参数都会随之变动，设计者可以对自己所设计的产品进行高效的、百分之百的可编辑操作，零件设计、装配设计和工程图之间的是全相关的。这种设计方式配合 3D 打印所提倡的快速成型理念能够很方便地对产品进行设计和修改，并将成品以最快的速度投入测试和使用。

3.2.2 SolidWorks 软件界面

SolidWorks 简洁直观的界面设计能够帮助设计者方便地对常用的命令进行调用，同时，SolidWorks 也支持用户自定义个性化的菜单选项。这些人性化的交互设计使得 SolidWorks 初学者能够更快地熟悉软件的操作，也使得产品设计所用的时间大大缩短。

如图 3-36 所示，SolidWorks2016 的软件界面主要包括菜单栏、工具栏、设计树选项卡、设计树、前导视图工具栏以及图形区域等。

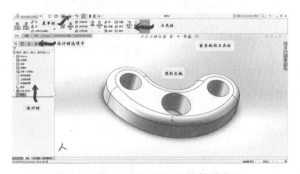

图 3-36 SolidWorks2016 的软件界面

菜单栏：菜单栏包含标准工具栏、SolidWorks 菜单、SolidWorks 搜索中的一组最常用的工具按钮以及一个帮助选项弹出菜单。用户可以通过菜单访问所有 SolidWorks 命令，包括模型的观察、编辑以及文件的打开和保存等，还可显示/隐藏、自定义软件界面上其他工作区域。

工具栏：工具栏上集成了大部分 SolidWorks 可用的工具及插件命令，通常我们会使用工具栏中的命令对模型进行创建和修改。其还包括了前导视图工具、关联工具栏和快捷栏等的特殊工具栏。

设计树选项卡：通过设计树选项卡我们可以选择适合自己当前需要的设计

树进行模型相关参数或其他内容的查看或操作。

设计树：由 FeatureManager（特征选项卡）、PropertyManager（属性选项卡）等一些常用设计树构成的软件模块，设计树通常用来展示模型或软件的的各项信息，用户可以对这些内容进行编辑。

前导视图工具：提供操纵视图所需的所有普通工具，是一类特殊的工具栏。

图形区域：模型的展示区域，用于操纵零件、装配体和工程图。

3.2.3 SolidWorks 基本操作

特征选择：鼠标左键单击或按住鼠标左键对想要选中的特征进行框选，也可通过按住键盘上的"Ctrl"，用鼠标依次点选进行选择。

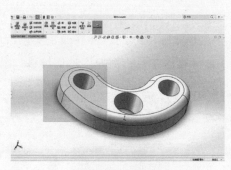

图 3-37 特征选择

旋转视图：单击并按住鼠标中键并进行拖动。

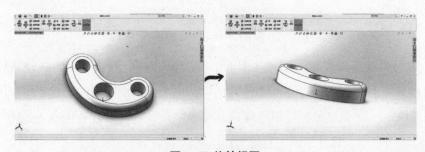

图 3-38 旋转视图

平移视图：按住键盘上的"ctrl"，随后单击并按住鼠标中键进行拖动。

图 3-39 平移视图

右键菜单栏：通过单击鼠标右键调用，根据所选对象不同，菜单栏里的内容也会随之改变。

图 3-40 右键菜单栏

快捷命令栏：单击鼠标右键并进行拖动，根据拖动方向的不同可以选择不同命令。

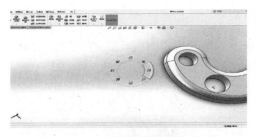

图 3-41 快捷命令栏

视图缩放：通过鼠标滚轮可调整模型显示大小。

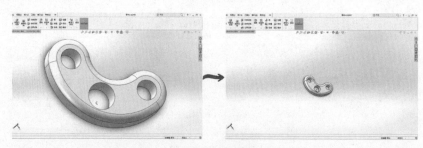

图 3-42 视图缩放

模型适合视窗：在图形区域双击鼠标中键，SolidWorks 会自动将模型调整至合适的大小和位置，使用这个命令可以帮助我们快速观察模型整体情况，在编辑模型时亦会提供一定的便利。

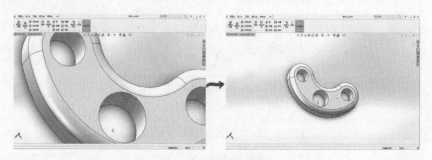

图 3-43 模型适合视窗

3.2.4 模型设计实战

案例一：叶轮

SolidWorks 在众多工业领域都有着广泛的应用，本案例以冲动式汽轮机转子中的重要零部件——叶轮为模型讲解。

图 3-44 叶轮三维模型

学习目标

1. 初识 SolidWorks 模型设计的基本设计思路；

2. 学习草图的绘制，并学习为草图添加约束；

3. 初识"特征"下各项命令，学习将二维平面草图转化为三维实体模型。

（一）叶轮基体的制作

①启动 SolidWorks2016，单击菜单栏中的"新建"按钮，在弹出的"新建 SolidWorks 文件"对话框中，选择"零件"按钮，创建一个新的零件文件。

当设计单个零件时，一般情况下选择该选项进行创建。

②开始创建模型时，首先需要先确定模型第一张草图的绘制平面，以及第一张草图的形状，零件的第一张草图应展示出模型的主要轮廓，这会为后面的创建提供很大的便利。在软件界面左侧的"FeatureManager（特征选项卡）"中选择"前视基准面"作为草图绘制平面。点击"前视基准面"，选择"正视于"命令，然后选择"草图绘制"命令。

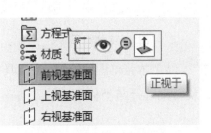

图 3-45 视图命令菜单

③依次选择工具栏下的"草图"；"直线"，选择"前视基准面"作为草图绘制平面，进行草图绘制，草图形状及尺寸如图 3-46 所示。

绘制草图时可遵循先草绘，再添加几何关系，最后添加尺寸的顺序，进行草图绘制。即先绘制草图大致形状，然后按住键盘上的 Ctrl 按键，通过鼠标左键单击的方式选择草图的不同部分并为它们之间添加几何关系，最后使用"草图"下的"智能尺寸"命令，为草图各部分进行尺寸标注。

当草图绘制完毕后，若草图个部分均以黑色线条或点显示，则表明该草图已"完全定义"。

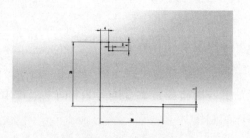

图 3-46 草图绘制

完成后草图直线部分的绘制后，选择"切线弧"命令，绘制如下图所示草图中的弧形区域。

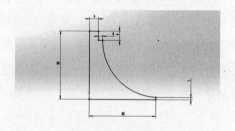

图 3-47 切线弧命令

④选择"退出草图"，结束本张草图的绘制；在工具栏中依次选择"特征"；"旋转凸台 / 基体"，旋转轴选择与坐标系 Z 轴方向一直的线段，完成叶片基体的三维实体的创建。

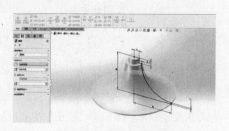

图 3-48 旋转凸台基体

（二）制作叶片

①进行叶片草图的绘制时，需要先创建一草图平面。选择"草图"下的"基准面"命令，"第一参考"选择如图 3-49 所示曲面。

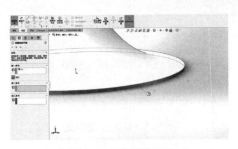

图 3-49 叶片草图制作

为叶片绘制能够通过"扫描"命令生成实体模型的路径，草图形状及尺寸如图 3-50 所示。

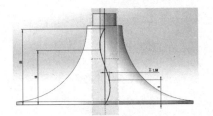

图 3-50 叶片草图形状及尺寸

直接绘制曲线可能会较难捕捉空间位置，可以先绘制如图 3-51 所示直线作为参考，勾选线条属性中"作为构造线"选项。

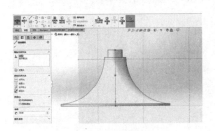

图 3-51 构造线

②以叶片基体的底面为草图绘制平面，选择"草图"下的"边角矩形"命令，绘制长 28、宽 1 的矩形（单位 mm），具体效果如图 3-52 所示，矩形一边的中点于坐标轴原点重合。

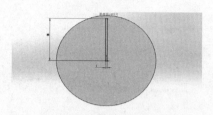

图 3-52 草图绘制平面

③点击"草图绘制"下的"3D 草图命令",完成草图绘制。

选择"特征"下的"扫描"命令,选择以叶片基体底面为基准面绘制的矩形草图为"轮廓",以曲线草图为"路径",生产叶片结构的三维实体。

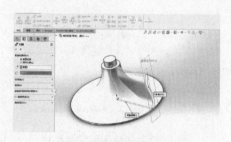

图 3-533D 草图命令

④使用"拉伸切除"命令对叶片形状进行进一步调整。以"右视基准面"为草图绘制平面,绘制如图 3-54 所示草图。

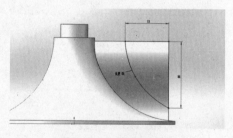

图 3-54 拉伸切除命令

使用"特征"下的"拉伸切除"对叶片进行切割。拉伸方向选择"两侧对称",拉伸深度设定要求完全贯穿叶片。

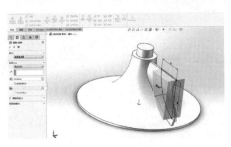

图 3-55 叶片切割

⑤选择"特征"下的"圆周阵列"命令，阵列轴选择模型上任意圆形边线；角度设为 15°；实例数为 24；阵列特征选择叶片（包括通过"扫描"命令生成的特征和通过"拉伸切除"命令生成的特征），完成叶片的构建。

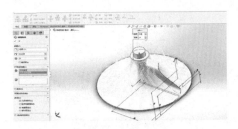

图 3-56 叶片构建完成

（三）制作轴孔

①以叶轮基体的上表面或下表面为草图创建平面，绘制一半径 25 的圆（单位 mm），对该草图执行"拉伸切除"命令，调整拉伸方向，方向选择"完全贯彻"，生成轴孔。

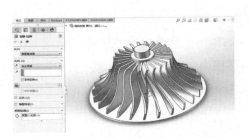

图 3-56 轴孔生成

生成轴孔后，即完成对整个叶轮模型的创建。

图 3-57 叶轮最终模型

案例二：指尖陀螺

本案例以玩具指尖陀螺的设计过程为例，如图 3-58 所示是指尖陀螺的最终建模效果图。

图 3-58 指尖陀螺三维模型

学习目标

学习草图的绘制，并尽可能地为草图添加约束；

学习"特征"下各项命令，能够将二维平面草图转化为三维实体模型；

掌握 SolidWorks 模型设计的基本设计思路。

（一）外壳制作

①启动 SolidWorks2016，单击菜单栏中的"新建"按钮，在弹出的"新建 SolidWorks 文件"对话框中，选择"零件"按钮，创建一个新的零件文件。

②在软件界面左侧的"FeatureManager（特征选项卡）"中选择"上视基准面"作为草图绘制平面。点击"上视基准面"，选择"正视于"命令，然后选择"草图绘制"命令。

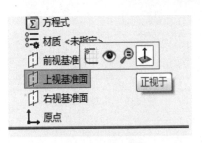

图 3-59 特征选项卡

③使用"草图"工具栏下的"直线"、"圆"、"样条曲线"以及"智能尺寸"命令，绘制如图所示草图，作为外壳的外轮廓，草图尺寸如图 3-60 所示。

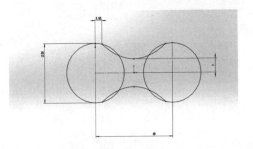

图 3-60 草图绘制尺寸

④选择"草图"工具栏下的"裁剪实体"命令，对草图进行裁剪。

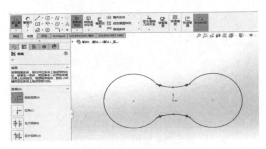

图 3-61 裁剪实体命令

⑤结束草图绘制，在工具栏选项卡中选择"特征"选项卡，使用"拉伸凸台/基体"命令，对外壳外轮廓草图进行拉伸操作。拉伸方向选择"两侧对称"，拉伸高度设为 15mm。如此可使拉伸的实体模型沿草图绘制平面对称分布。

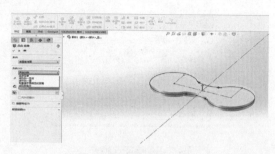

图 3-62 拉伸凸台 / 基体

⑥选择如图 3-63 所示平面作为外壳上月牙形细节的草图绘制平面。

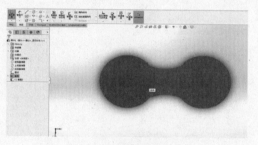

图 3-63 草图绘制平面

⑦绘制如图 3-64 所示草图，图中圆的半径分别为 13、19（单位：mm）。

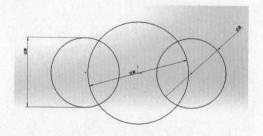

图 3-64 草图圆半径尺寸

⑧对草图进行修剪，修剪完成后效果如图 3-65 所示。

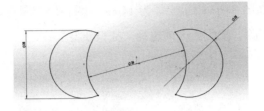

图 3-65 修剪草图

⑨选择"拉伸凸台/基体"命令，对该草图进行拉伸操作，拉伸方向选择"给定深度"，拉伸深度为15mm；选中"上视基准面"，在"阵列"中选择"镜像"命令，"要镜像的特征"选择月牙形特征，将该特征以"上视基准面"为参考平面，镜像至模型对侧。

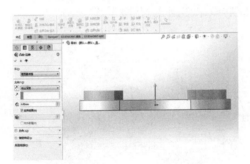

图 3-66 拉伸凸台/基体命令操作

（二）轴的制作

①如图 3-67 所示平面进行草图绘制。

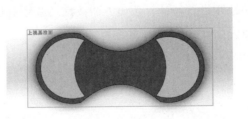

图 3-67 草图绘制

147

绘制形状为如图 3-68 所示半径为 14mm，圆心位于原点。绘制完成后，对草图进行"拉伸切除"操作，方向选择"完全贯穿"。

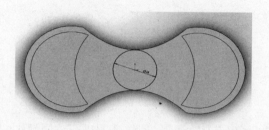

图 3-68 对草图进行拉伸切除

②以原点为圆心、"上视基准面"为草图绘制平面，绘制半径分别 7、10 的圆（单位：mm），并对该草图进行拉伸，拉伸方向选择"两侧对称"，拉伸深度选择 8mm，完成后效果如图 3-69 所示。

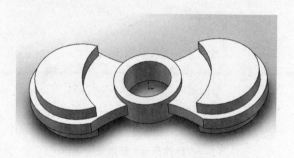

图 3-69 拉伸完成后的效果图

③以原点为圆心、"上视基准面"为草图绘制平面，绘制半径为 6 的圆（单位：mm），并对该草图进行拉伸，拉伸方向选择"两侧对称"，拉伸深度选择 15mm。该特征效果如图 3-70 所示。

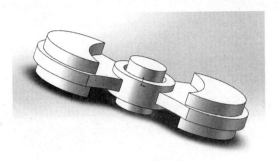

图 3-70 特征效果图

④以"上视基准面"为草图绘制平面，绘制如图 3-71 所示草图。

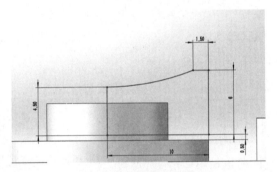

图 3-71 草图绘制平面

绘制完成后为该草图选择"特征"下的"旋转凸台 / 基体命令"，选择草图中与 Z 轴重合的线段作为旋转轴，建立该特征。

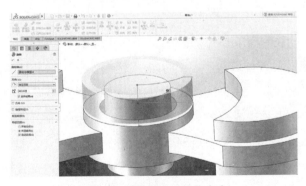

图 3-72 旋转凸台 / 基体命令

⑤对模型的草图、特征进行细节上的修改，即可完成指尖陀螺模型的创建。

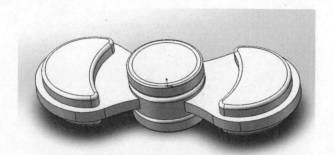

图 3-73 指尖陀螺模型效果图

3.3 UG

3.1.1 UG 软件简单概述

（一）UG 软件介绍

UG 是 SiemensPLMSoftware 的三维设计软件，也是现如今最先进产品设计软件，它为用户的产品设计及加工过程提供了数字化造型和验证手段。UnigraphicsNX 针对用户的虚拟产品设计和工艺设计的需求，提供了经过实践验证的解决方案。UG 同时也是用户指南（userguide）和普遍语法（UniversalGrammar）的缩写。

UG 起源于美国麦道飞机公司，它是基于 C 语言开发实现的。UGNX 是一个在二维和三维空间无结构网格上使用自适应多重网格方法开发的一个灵活的数值求解偏微分方程的软件工具。

一个给定过程的有效模拟需要来自于应用领域（自然科学或工程）、数学（分析和数值数学）及计算机科学的知识。然而，所有这些技术在复杂应用中的使用并不是太容易。这是因为组合所有这些方法需要巨大的复杂性及交叉学科的知识。一些非常成功的解偏微分方程的技术，特别是自适应网格加密（adaptivemeshrefinement）和多重网格方法在过去的十年中已被数学家研究，同时随着计算机技术的巨大进展，特别是大型并行计算机的开发带来了许多新的可能。

现在 UG 被广泛应用于航空航天、汽车、通用机械、工业设备、医疗器械和电子等工业领域。工业模具如图 3-74。

图 3-74 工业模具

（二）UG 的发展历史

1960 年，McDonnellDouglasAutomation 公司成立。

1976 年，收购了 UnigraphicsCAD/CAE/CAM 系统的开发商——UnitedComputing 公司，UG 的雏形问世。

1983 年，UG 上市。

1986 年，Unigraphics 吸取了业界领先的、为实践所证实的实体建模核心——Parasolid 的部份功能。

1989 年，Unigraphics 宣布支持 UNIX 平台及开放系统的结构，并将一个新的与 STEP 标准兼容的三维实体建模核心 Parasolid 引入 UG。

1990 年，Unigraphics 作为 McDonnellDouglas（波音飞机公司）的机械 CAD/CAE/CAM 的标准。

1991 年，Unigraphics 开始了从 CAD/CAE/CAM 大型机版本到工作站版本的转移。

1993 年，Unigraphics 引入复合建模的概念，可以实体建模、曲线建模、框线建模、半参数化及参数化建模融为一体。

1995 年，Unigraphics 首次发布了 WindowsNT 版本。

1996 年，Unigraphics 发布了能自动进行干涉检查的高级装配功能模块、最先进的 CAM 模块以及具有 A 类曲线造型能力的工业造型模块：它在全球迅猛发展，占领了巨大的市场份额，已经成为高端及商业 CAD/CAE/CAM 应用开发的常用软件。

1997 年，Unigraphics 新增了包括 WAVE（几何链接器）在内的一系列工业领先的新增功能。WAVE 这一功能可以定义、控制、评估产品模板，被认为是在未来几年中业界最有影响的新技术。

2000 年，Unigraphics 发布了新版本的 UG17，最新版本的，是 UGS 成为工业界第一个可以装载包含深层嵌入"基于工程知识"（KBE）语言的世界级 MCAD 软件产品的供应商。

2001 年，Unigraphics 发布了新版本 UG18，新版本对旧版本的对话框进行了调整，使得在最少的对话框中能完成更多的工作，从而简化了设计。

2002 年，Unigraphics 发布了 UGNX1.0. 新版本继承了 UG18 的优点，改进和增加了许多功能，使其功能更强大，更完美。

2003 年，Unigraphics 发布了新版本 UGNX2.0。新版本基于最新的行业标准，它是一个全新支持 PLM 的体系结构。EDS 公司同其主要客户一起，设计了这样一个先进的体系结构，用于支持完整的产品工程。

2004 年，Unigraphics 发布了新版本的 UGNX3.0，它为用户的产品设计与加工过程提供了数字化造型和验证手段，。它针对用户的虚拟产品的设计和工艺设计的需要，提供经过实践验证的解决方案。

2005 年，Unigraphics 发布了新版本的 UGNX4.0. 它是崭新的 NX 体系结构，使得开发与应用更加简单和快捷。

2007 年 04 月，UGS 公司发布了 NX5.0 - NX 的下一代数字产品开发软件，帮助用户以更快的速度开发创新产品，实现更高的成本效益。

2008 年 06 月，SiemensPLMSoftware 发布 NX6.0，建立在新的同步建模技术基础之上的 NX6 将在市场上产生重大影响。同步建模技术的发布标志着 NX 的一个重要里程碑，并且向 MCAD 市场展示 Siemens 的郑重承诺。NX6 将为我们的重要客户提供极大的生产力提高。

2009 年 10 月，西门子工业自动化业务部旗下机构、全球领先的产品生命周期管理（PLM）软件与服务提供商 SiemensPLMSoftware 宣布推出其旗舰数字化产品开发解决方案 NX 软件的最新版。NX7.0 引入了 "HD3D"（三维精确描述）功能，即一个开放、直观的可视化环境，有助于全球产品开发团队充分发掘 PLM 信息的价值，并显著提升其制定卓有成效的产品决策的能力。此外，NX7.0 还新增了同步建模技术的增强功能。修复了很多 6.0 所存在的漏洞，稳定性方面较 6.0 有很大的提升。

2010 年 5 月 20 日 SiemensPLMSoftware 在上海世博会发布了功能增强的 NX7 最新版本（NX7.5），NXGC 工具箱将作为 NX7 最新版本的一个应用模块与 NX7 一起同步发布。NXGC 工具箱是为满足中国用户对 NX 特殊需求推出的本地化软件工具包。在符合国家标准（GB）基础上，NXGC 工具箱做了进一步完善和大量的增强工作。

2011 年 09 月，SiemensPLMSoftware 发布了 UG8.0。

2012 年 10 月，SiemensPLMSoftware 发布了 UG8.5。

2013 年 10 月，SiemensPLMSoftware 发布了 UG9.0。

3.3.2 UG 软件界面介绍

（一）UG 的欢迎界面

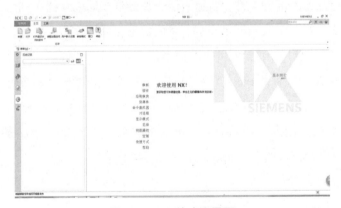

图 3-75 UG 的欢迎界面

在 UG11.0 的欢迎界面中有基础介绍和帮助窗口，点击新建可以选择模板进入工作界面。当开启 UG30 回欢迎界面可以选择取消欢迎界面。

（二）UG11.0 工作界面介绍

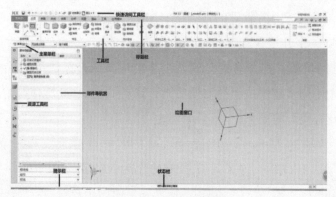

图 3-76 UG 工作界面

UG11.0 分为 9 大块分别为快速访问栏、标题栏、工具栏、主菜单栏、绘图窗口、状态栏、提示栏、资源工具条、部件导航器。

（三）CAD 模块

UG/Gateway(入口)

提供一个 Unigraphics 基础，UG/Gateway 在一个易于使用的基于 Motif 环境中形成连接所有 UG 模块的底层结构，它支持关键操作，包括打开已存的 UG 部件文件，建立新的部件文件，绘制工程图和屏幕布局以及读入和写出 CGM 等，也提供层控制，视图定义和屏幕布局，对象信息和分析，显示控制，存取 "帮助" 系统，隐藏 / 再现对象和实体和曲面模型的着色。UG/Gateway 包括一个没有限制的高分率的绘图仪许用权，模块也提供一个现代化的电子表格应用，构造和管理零件家族并操纵部件间表达式。它由相关的解析方案，扩充的模型易于进行设计，标准的桌面查找功能提供一个简单的基于知识工程技术的执行方法，UG/Gateway 是对所有其它 Unigraphics 应用的必要基础。

（四）CAM 模块

UG/CAMBase(基础)

UG/CAMBase 提供易于使用的基于 Motif 环境中连接所有有共同功能加工模块的基础，这个基础模块允许用户通过观察刀具的移动，图形地编辑刀轨和执行图形地改变，如扩展，缩短或修改刀轨，它也包括对如钻孔，攻丝，镗孔等任务的通用目的的点到点操作子程序，一个用户化对话框的特征允许用户修改对话框和建立被改编到它们的专用菜单，这个减少培训的时间并使加工任务合理化，用户化通过使用操作模板进一步增强，操作模板允许用户建立专门的操作如粗加工和精加工，这些操作通过频繁使用的参数和方法被标准化。

（五）CAE 模块

UG/FEA

UG/FEA 是一个与 UG/ScenarioforFEA 前处理和后处理功能紧密集成的有限元解算器，这些产品结合在一起为在 Unigraphics 环境内的建模与分析提供一个完整的解，UG/FEA 是基于世界领先的 FEA 程序——MSC/NASTRAN——它不仅仅在过去的三十年为有限元的精度和可靠性建立了标准，而且也在今天的动态产品开发环境中继续证明它的精度和有效性，MSC/NASTRAN 通过恒定地发展结构分析的最新分析功能和算法的优点，保持领先的 FEA 程序。

（六）UG 的其它模块

除了以上介绍的常用模块外，UG 还有其他一些功能模块。如用与钣金设计的板金模块（UG/SheetMetalDesign）、用与管路设计的管道与布线模块 (UG/Routing、UG/Harness)、供用户进行二次开发的，由 UG/OpenGRIP、UG/OpenAPI 和 UG/Open++ 组成的 UG 开发模块（UG/Open）等等。以上总总模块构成了 UG 的强大功能。

3.3.3 UG 基本操作

视图旋转：鼠标中键对视图进行旋转，旋转时会经常丢失模型视角，此时可以在模型上长按中键，视图中出现 ◎ 时进行旋转，会默认为把这个点当旋转中心点进行旋转。

移动视图：鼠标中键 + 鼠标右键当视图出现 ◎ 时可以来回拖动视图，或者右键视图空白处点击平移按钮。

视图缩放：鼠标滚轮进行缩放，在进行视图缩放时会默认你鼠标停留地方为中心进行缩放。

删除模型：选中模型 Delete 进行删除，也可以在需要删除模型上右键向左拖动鼠标进行删除。

全屏模式：在 UG 的右下方点击 ▣ 进入或退出模式全屏模式。在全屏模式下可以更好的观察模型，操作熟练以后可以在全屏模式下编辑模型。

保存文件：在 UG 的左上方标题栏中点击 文件(F) 在保存中默认的格式是 prt 部件文件 部件文件 (*.prt)，prt 格式一般我们用于正常的保存打开文件，一些半成品需要后期修改的文件使用 prt 格式，用于 3D 打印需要导出 stl 格式，stl 格式在 UG 文件中点击 ↘ 导出(E) ，UG 中的导入 stl 格式无法编辑。

取消选择：在 UG 中按住 shift 点击模型可以取消对模型的选择。

3.3.4 模型设计实战

案例一：

使用 UG 软件制作图 3-77 的工业产品件模型。

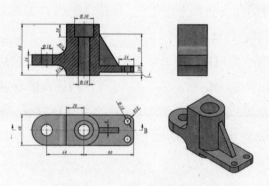

图 3-77 工业产品件模型

创建主体长方体长 48，宽 52，高 80。结果如图 3-78：

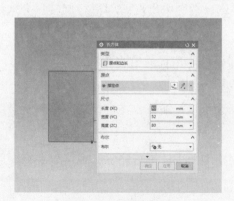

图 3-78 创建模型主体

按图纸要求如图 3-79（a）使用边倒圆将要求边倒 24 结果如图 3-79（b）。

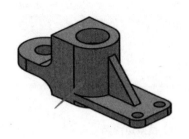

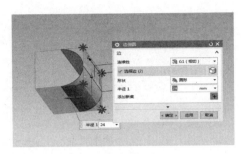

（a）图纸要求　　　　　　　　　（b）模型边倒圆

图 3-79 边倒圆的使用

创建长方体，按照图纸的要求创建长方体高 16 宽 48 长 56 的长方体，创建完成后消除参数如图 3-80（b），移动长方体模型到指定位置，在移动模型时先使用点到点的移动方式如图 3-80（c）再切换到动态移动如图 3-80（d），最终移动到图纸要求位置。

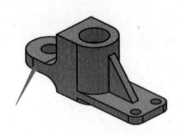

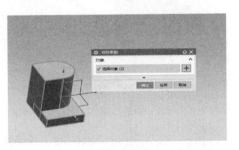

（a）图纸要求　　　　　　　　　（b）消除参数

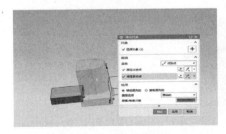

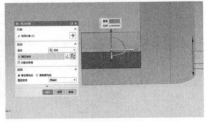

（c）点到点移动　　　　　　　　（d）动态移动

图 3-80 创建长方体

157

使用边倒圆按图纸要求进行到圆角处理，对边倒24的圆角结果如图3-81（b）。

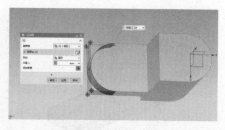

（a）图纸要求　　　　　　（b）模型边倒圆

图 3-81 进行边倒圆处理

对主体模型按照要求进行打孔处理，打孔根据要求成形使用沉头，参数尺寸沉头直径30、沉头深度20、直径18和深度100，深度要打穿模型，指定点为倒圆角中心如图 3-82（c）

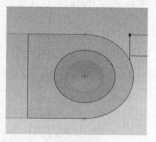

（a）图纸要求　　　　（b）打孔参数　　　　（c）模型打孔

图 3-82 对模型进行打孔处理

再次创建一个基础长方体作为原型，参数设为长 48、宽 80、高 10。

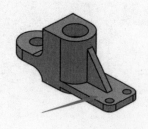

（a）图纸要求　　　　　　（b）参数设置

图 3-82 创建基础长方体

创建出新的长方体时要进行消参处理，再进行移动，移动到图纸要求位置如图 3-83（b）图 3-83（c）。

（a）消除参数

（b）点到点移动模型

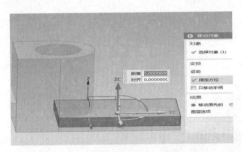
（c）动态移动模型

图 3-83 移动基础模型到指定地方

对模型进行布尔处理，我们使用布尔求差命令如图 3-84（a）所示。

目标：创建长方体

设置保存工具。求差完成后进行消除参数如图 3-84（b），删除分离出的模型如图 3-84（c）所示。

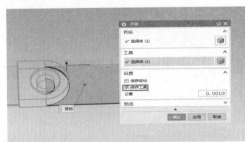
（a）求差参数

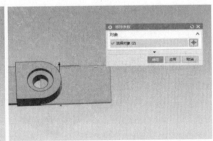
（b）消除参数

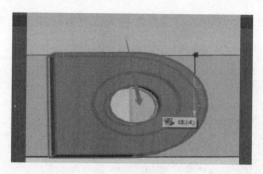

（c）删除目标

图 3-84 布尔运算

对模型按照要求边倒圆。选择模型的两条边使用边倒圆参数为 10 进行倒圆角如图 3-85 所示。

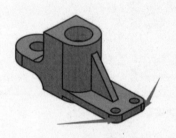

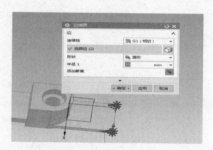

（a）图纸要求　　　　　　　　　（b）模型倒圆角

图 3-85 模型倒圆角

模型打孔，给模型在指定地点打孔，选择模型倒圆角中心进行打孔参数设置简单孔直径 10 深度 50 如图 3-86（b）所示。旋转视角选择另一个指定地点如图 3-86（c）进行打孔，参数设置直径 18 深度 50。

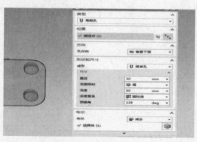

（a）图纸要求　　　　　　　　　（b）打孔参数

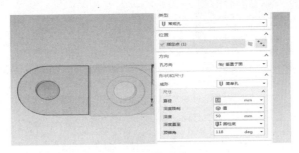

（c）打孔参数

图 3-86 打孔示意图

制作模型筋板草图如图 3-87（a），使用草图按要求画出一条 24 的直线如图 3-87（b），在连接直线顶点与圆的象限点如图 3-87（c）所示。

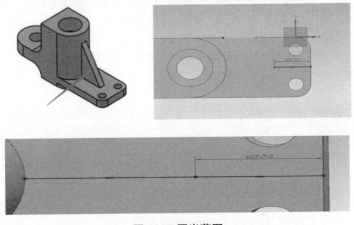

图 3-87 画出草图

使用拉伸命令，在选择曲线时修改曲线规则改为单条曲线如图 3-88（a）所示，选择如图 3-88（b）所示曲线使用拉伸命令，参数为：结束距离设置 50，偏置两侧开始 4，结束 -4。

（a）单条曲线

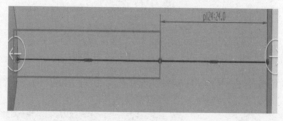

（b）选择曲线

（c）拉伸参数

图 3-88 选择拉伸曲线

偏置命令与布尔命令，我们按图 3-89（a）所示选择进行偏置命令，选择内面向主体方向偏置 1mm 使长方体紧贴主体曲面，使用布尔合并命令使主体与筋板合并如图 3-89（b）所示。

（a）偏置命令　　　（b）布尔合并

图 3-89 偏置与合并

倒斜角，使用倒斜角命令选择如图 3-90（a）所示的边进行切角处理，倒斜角参数如图 3-90（b）选择对应边横街面：非对称、距离一：50、距离二：32。

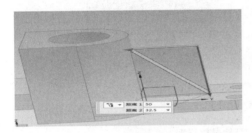

（a）倒斜角结果　　　　　（b）倒斜角参数

图 3-90 倒斜角

合并模型，我们将所有的块体创建完成，对所有的模型进行合并，运用到之前的一项命令布尔合并，选择主体进行全部合并处理如图 3-91 所示。

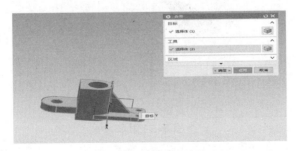

图 3-91 合并所有块体

倒圆角，合并完模型可以对模型做最后一步倒圆角处理，使用边倒圆命令选择如图 3-92（a）所示进行倒圆处理，倒圆参数半径为 16。

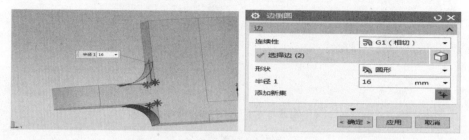

图 3-92 边倒圆

成品图，图 3-93（a）为成品图，图 3-93（b）为产品图纸。

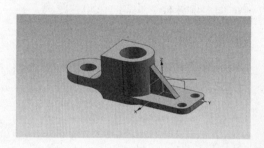 

（a）制作产品图（b）产品图纸

图 3-93 工业产品件最终模型

案例二：雨伞

使用 ug 制作雨伞模型如图 3-94 所示。

图 3-94 雨伞

创建一个八边形，使用内切圆半径为 50，以基准坐标系为原点。结果如图 3-95。

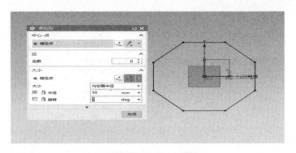

图 3-95 创建八边形

创建草图，选择指定平面创建草图，建立一条起点在原点，长度为30，沿着 Z 轴的直线。结果如图 3-96 所示：

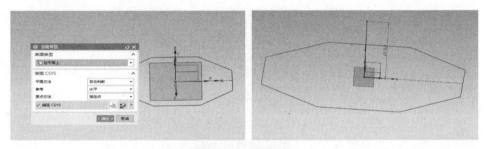

图 3-96 创建草图

切换草图平面，以八边形的两个端点及上步建立直线的顶点为中点建立下图圆弧。如图所示 3-97。

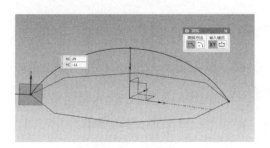

图 3-97 建立圆弧

修剪圆弧，使用曲面修剪命令，留下四分之一圆弧，如图 3-98 所示。

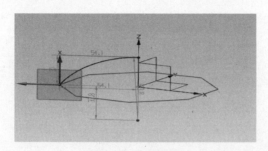

图 3-98 修剪圆弧

阵列圆弧，运用阵列命令选择圆弧，布局为圆形指定矢量 z 轴指定点坐标中心进行 45 度旋转数量 2。结果如图 3-99 所示。

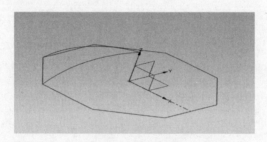

图 3-99 阵列圆弧

绘制小圆弧，选择草图平面绘制半径为 80 的小圆弧如图 3-100 所示。

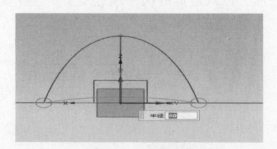

图 3-100 绘制小圆弧

创建曲面，使用通过曲线网格命令，选择 z 轴交叉点平行的点边为主曲线，其余两条圆弧为交叉曲线进行创建曲面。如图 3-101 所示。

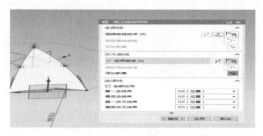

图 3-101 通过曲线网格

对伞面进行加厚处理，使用加厚命令对伞面进行加厚 0.3，如图 3-102 所示。

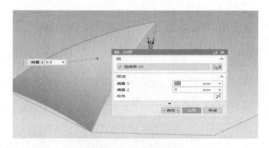

图 3-102 伞面加厚

对伞面的边圆弧曲线使用管道命令如图 3-103（a）所示，管道外径 0.5，内径 0。结果如图 3-103（b）所示。

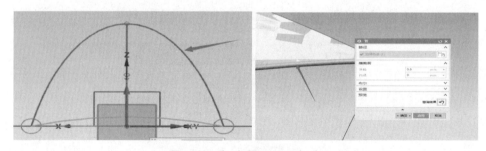

图 3-103（a）图 3-103（b）

图 3-103 管道命令

抽取线条，对支架尾部圆形轮廓进行抽取线，如图 3-104 所示。

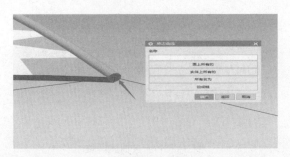

图 3-104 抽取轮廓线条

编辑支架角，使用拉伸编辑抽取的轮廓线开始距离为 -2 结束距离为 2 如图 3-105（a）所示，拉出支架角后进行偏置处理向外偏置 0.2。结果如图 3-105（b）所示。对支架角的一头进行边倒圆，倒 0.2 的圆角。如图 3-105（c）所示。

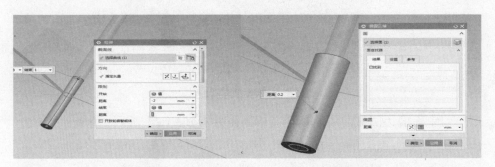

（a）拉伸　　　　　　　　　　　　　　（b）偏置

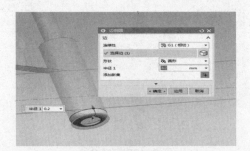

（c）边倒圆

图 3-105 编辑支架角

阵列几何特征，选择伞面与支架我们使用阵列特征，旋转 45 度复制 8 个形成雨伞如图 3-106 所示。

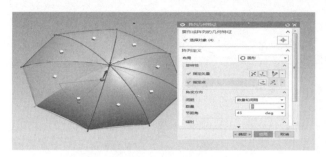

图 3-106 阵列几何特征

使用草图建立出伞的主杆和伞柄如图 3-107（a）伞杆与伞柄草图。

创建完成草图使用管道命令完成伞杆与伞柄的制作。结果如图 3-107（b）所示。

（a）伞杆与伞柄草图　　　　（b）伞杆与伞柄

图 3-107 制作伞杆与伞柄

制作伞布上的伞尖，首先创建一个圆柱体在伞布中间，并且使用拔模如图 3-108（b）所示，使用拔模命令类型从边。

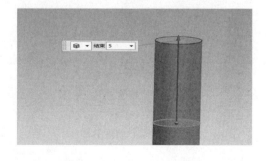

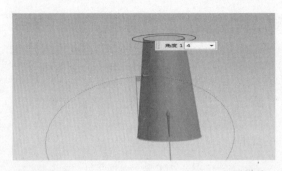

（a）创建圆柱体 　　　　　　　　　　（b）拔模体

图 3-108 伞尖制作

对伞尖进行倒圆角处理。结果如图 3-109 所示。

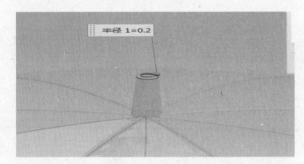

图 3-109 伞尖倒圆

制作结果完成。结果如图 3-110

图 3-110 雨伞制作完成图

3.4 3DSMax

3.4.1 3DSMax 软件介绍

（一）3DSMax 背景介绍

3DStudioMax，常简称为 3DMax 或 3DSMAX，是 Discreet 公司开发的（后被 Autodesk 公司合并）基于 PC 系统的三维动画渲染和制作软件。其前身是基于 DOS 操作系统的 3DStudio 系列软件。在 WindowsNT 出现以前，工业级的 CG 制作被 SGI 图形工作站所垄断。3DStudioMax+WindowsNT 组合的出现一下子降低了 CG 制作的门槛，首先开始运用在电脑游戏中的动画制作，后更进一步开始参与影视片的特效制作，例如 X 战警 II，最后的武士等。在 Discreet3DSmax7 后，正式更名为 Autodesk3DSMax。

（二）3DSMax 公司介绍

始建于 1982 年，Autodesk 提供设计软件、Internet 门户服务、无线开发平台及定点应用，帮助遍及 150 多个国家的四百万用户推动业务，保持竞争力。公司帮助用户 Web 和业务结合起来，利用设计信息的竞争优势。现在，设计数据不仅在绘图设计部门，而且在销售、生产、市场及整个供应链都变得越来越重要。Autodesk 是保证设计信息在企业内部顺畅流动的关键业务合作伙伴。在数字设计市场，没有哪家公司能在产品的品种和市场占有率方面与 Autodesk 匹敌。

Discreet 是 Autodesk 的一个分部，由 Kinetix&reg 和收购的 DiscreetLogic 公司合并组成，开发并提供用于视觉效果、3D 动画、特效编辑、广播图形和电影特技的系统和软件。作为世界上最大的软件公司之一，Autodesk 的用户遍及 150 多个国家。

自 1982 年 AutoCAD 正式推向市场，欧特克已针对最广泛的应用领域研发出多种设计和工程解决方案，帮助用户在设计转化为成品前体验自己的创意。《财富》排行榜名列前 1000 位的公司普遍借助欧特克的软件解决方案进行设计、可视化和仿真分析，并对产品和项目在真实世界中的性能表现进行仿真分析，从而提高生产效率、有效地简化项目并实现利润最大化，把创意转变为竞争优势。

（三）软件应用

在应用范围方面，广泛应用于广告、影视、工业设计、建筑设计、多媒体制作、游戏、辅助教学以及工程可视化等领域。拥有强大功能的 3DSMAX 被广泛地应用于电视及娱乐业中，比如片头动画和视频游戏的制作，深深扎根于玩家心中的劳拉角色形象就是 3DSMAX 的杰作。在影视特效方面也有一定的应用。而在国内发展的相对比较成熟的建筑效果图和建筑动画制作中，3DSMAX 更是占据了绝对的优势。根据不同行业的应用特点对 3DSMAX 的掌握程度也有不同的要求，建筑方面的应用相对来说局限性大一些，它只要求单帧的渲染效果和环境效果，只涉及到比较简单的动画；片头动画和视频游戏应用中动画占的比例很大，特别是视频游戏对角色动画的要求要高一些；影视特效方面的应用则把 3DSMAX 的功能发挥到了极致。

（四）3D 打印行业的作用

如今 3D 打印的发展在医疗、建筑、汽车、服装等制造行业起着重要的作用，而 3DSMax 具有强大的数字建模能力，3DSMax 因操作简单容易上手，可以和其它软件配合使用，使 3D 打印在产品制作中更加方便、容易个性化定制。

3.4.2 3DSMax 软件界面

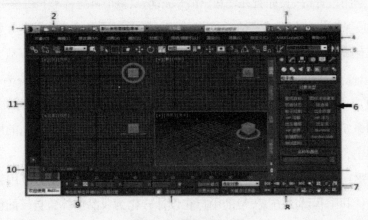

图 3-111 软件主界面

（一）应用程序按钮

工作区: 默认
最近使用的文档
新建
重置
打开
保存
另存为
导入
导出
发送到
参考
管理
属性
今天 (1)
moxing.max
昨天 (1)
fa.max
选项
退出 3ds Max

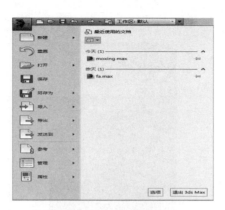

图 3-112 应用程序

应用程序按钮可以对当前场景进行新建、重置、打开、保存、另存为、导入、导出等一些常用的命令。

（二）快速访问工具栏

工作区: 默认

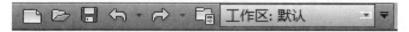

图 3-113 快速访问工具栏

有一些简便的快捷按钮，可以快速更改界面布局。

（三）网络服务

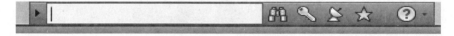

图 3-114 网络服务

（四）菜单栏

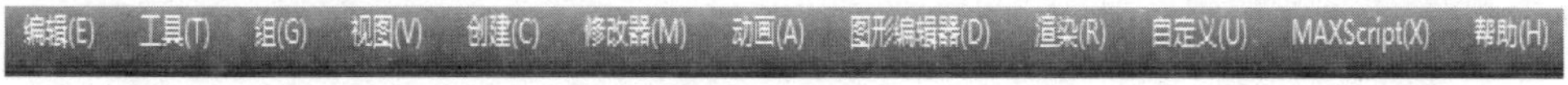
编辑(E) 工具(T) 组(G) 视图(V) 创建(C) 修改器(M) 动画(A) 图形编辑器(D) 渲染(R) 自定义(U) MAXScript(X) 帮助(H)

图 3-115 菜单栏

（五）主工具栏

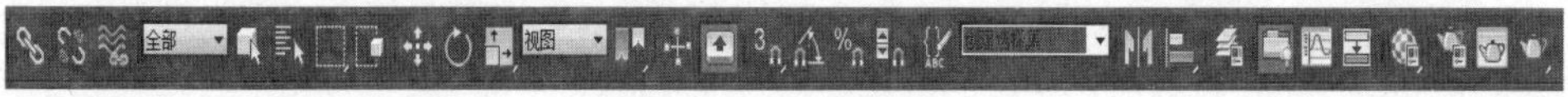
全部
视图

图 3-116 主工具栏

通过主工具栏可以快速访问3DSMax中用于执行很多常见任务的工具和对话框。

（六）命令面板

图 3-117 命令面板

命令面板由六个用户界面面板组成，使用这些面板可以访问3DSMax的大多数建模功能，以及一些动画功能、显示选择和其他工具。要在不同的面板之间切换，请单击其各自命令面板顶端的选项卡。

（七）视图控制区

图 3-118 视图控制区

使用这些按钮可在视口中导航场景。如平移视图、环绕子对象、缩放所有视图等一些按钮。

（八）动画控制区

图 3-119 动画控制区

状态栏和视口导航控件之间的是动画控件，以及用于在视口中进行动画播放的时间控件。使用这些控制可随时间影响动画。

（九）信息提示区

图 3-120 信息提示区

3DSMax 窗口底部包含一个区域，提供有关场景和活动命令的提示和状态信息。其右侧是坐标显示区域，可以在其中手动输入变换值。其左侧是"MAXScript 侦听器"窗口，可以在其中输入单行脚本。

（十）窗口控制区

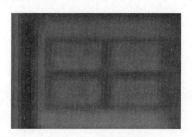

图 3-121 窗口控制

（十一）切换视图窗口视图区

图 3-122 视图区

启动3DSMax时，主屏幕包含四个视口，分别从不同角度显示场景。可以设置视口以显示场景的简单线框或明暗处理的视图，也可以利用高级且易于使用的预览功能，如"阴影"（硬边或软边）、"曝光控制"

和"环境光阻挡"以实时显示高度真实、近似渲染的结果。

3.4.3 3DSMax 基本操作

（一）视图操作：

可以使用视图控制区对视图进行旋转、缩放、移动、最大化视口切换等操作。可直接使用快捷键进行操作旋转"ALT+ 鼠标中键"、缩放"ALT+ 滚轮"、拖动视图"鼠标中键"进行拖动。

（二）视图切换快捷键：

最大化视口切换"ALT+W"、"F"正视图、"T"顶视图、"L"侧视图、"P"透视图、"C"相机视图。

（三）创建物体：

（1）在命令面板中点击所要创建的物体鼠标拖拽可以大致的确定物体参数，在视图右方可以精确的修改物体参数。

（2）在命令面板中点击所要创建的物体可以使用键盘输入创建，确定创建方位参数创建。

（四）模型简易操作：移动"W"、旋转"E"、缩放"R"。

（五）捕捉开关

捕捉开关：点击可以启动捕捉开关，"对象捕捉"用于创建和变换对象或子对象期间捕捉现有几何体的特定部分。也可以捕捉栅格，可以捕捉切换、中点、轴点、面中心和其他选项。当切换级别时所选的模式维持其状态。

捕捉开关分为 2D、2.5D、3D 捕捉，单击捕捉开关向下拉可以切换捕捉模式

① 2D：光标仅捕捉活动构造栅格，包括该栅格平面上的任何几何体。将忽略 Z 轴或垂直尺寸。

② 2.5D：光标仅捕捉活动栅格上对象投影的顶点或边缘。

假设您创建一个栅格对象并使其激活。然后定位栅格对象，以便透过栅格看到 3D 空间中远处的立方体。现在使用 2.5D 设置，可以在远处立方体上从顶点到顶点捕捉一行，但该行绘制在活动栅格上。效果就像举起一片玻璃并且在上面绘制远处对象的轮廓。

③3D：这是默认工具。光标直接捕捉到 3D 空间中的任何几何体。3D 捕捉用于创建和移动所有尺寸的几何体，而不考虑构造平面。右键单击该按钮可显示"栅格和捕捉设置"对话框，其中可以更改捕捉类别和设置其他选项。

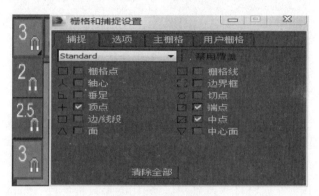

图 3-123 捕捉设置

角度捕捉切换：点击后启动角度捕捉，影响所有的旋转，按照某一定值进行旋转，右键单击可以设置参数。

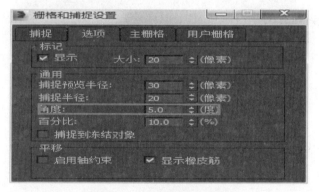

图 3-124 角度捕捉设置

百分比捕捉切换：点击可以启动捕捉，影响所有缩放百分比，右键单击可以打开参数设置，调节百分比影响捕捉按钮。

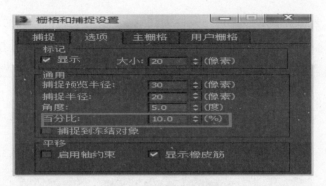

图 3–125 缩放捕捉设置

3.4.4 模型设计实战

案例一：半镂空笔筒

（1）首先用一个圆柱体为基础物体，使用的参数是半径"35mm"高度"90mm"高度分段"5"端面分段"1"边数"18"，创建结果如图 3–126

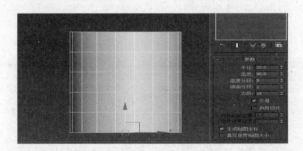

图 3–126 基础物体

（2）创建完成基础体后把基础体转换为可编辑多边形，删除顶面封面，选取最上方的横向线条使用连接命令进行加线，结果如图 3–127。

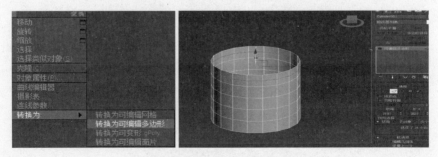

图 3–127 删除面、在上方加线

（3）旋转视图选取如图 3-128 中所选面数使用"分离"命令分离面。

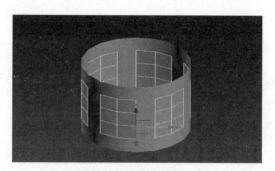

图 3-128 选取面分离出去

（4）选取分离出所有的面使用"插入"命令进行"按多边形插入"2mm。如图 3-129 所示。

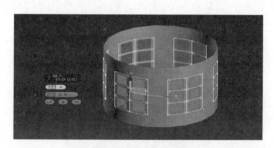

图 3-129 按多边形插入

（5）选中所有插入面转到边层级，按住 ctrl 进入边层级如 3-130（a）所示，使用"连接"命令进行连接如 3-130（b）所示。

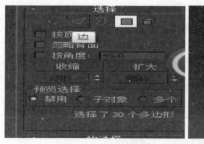

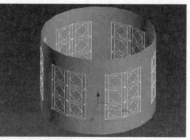

（a）进入边层级　　　　　（b）连接所选边

图 3-130 连接插入边

（6）把连接后的菱形面删除，可以先选中一个菱形面在视图左上方点击"修改选项"中的"相似"如3-131（a）所示，选中所有的菱形进行删除如图3-131（b）。

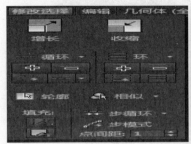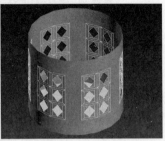

（a）修改选择   （b）删除所有菱形面

图3-131 选择删除菱形面

（7）选取圆柱体上的某些面如图3-132所示的面进行分离。

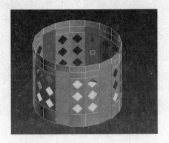

图3-132 分离选择面

（8）选中所有分离出的面并进行"按组插入"1mm的面，结果如图3-133所示。

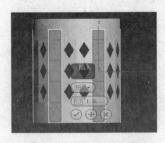

图3-133 按组插入面

（9）使用"多边形建模"中的"生成拓扑"对模型进行拓扑如图3-134（a），

选中一条内部竖线如图3-134（b）进行拓扑，需要对每一个元素都进行拓扑，结果如下图3-134（c）

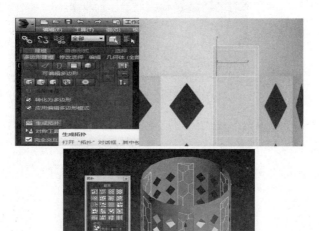

（a）拓扑命令　　　　（b）选择边进行拓扑　　　　（c）拓扑结果

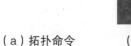

图3-134 进行拓扑

（10）选中拓扑后所有的面使用"插入"命令按多边形进行插入1.3mm，如图3-135所示。

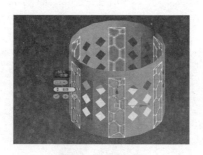

图3-135 插入面

（11）把新插入的面删除如图3-136所示。

图 3-136 删除面

（12）把所有的多边形使用"附加"命令附加在一起，分离的点与其它多边形的点使用"焊接"命令阈值为 0.1mm，需要给模型一个厚度，使用"壳体"修改器厚度为 3mm 即可。结果如下图 3-137 所示。

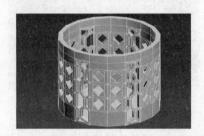

图 3-137 模型加厚图

（13）选取最上方的面使用"挤出"命令中的"局部法线"，挤出命令在多边形层级下，挤出如图所示 3-138(a)，再对挤出后的面上下二条边进行"切角"命令，切角命令在边层级下。

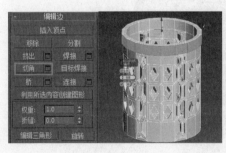
（a）挤出

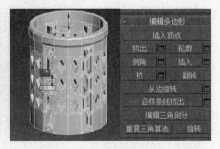
（b）切角

图 3-138 挤出切角的使用

（14）由于 3D 打印需要导出 stl 格式进行切片，导出模型需要被选中进行导出。

图 3-139 导出 stl

（15）我们使用 3DTALKT-REAL 进行切片，，在右上方文件中点击添加文件即可。

图 3-140 切片导入 stl

（16）修改参数进行切片，添加底座，让模型打印在底座之上，材料选择PLA，给模型添加完全支撑，支撑结构线状，模型质量选择默认中等质量，打印温度控制在 190℃ ~210℃之间。

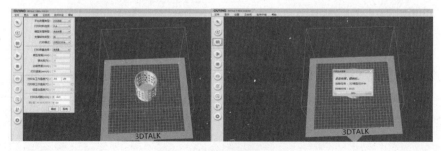

图 3-141 参数调节与切片

案例二：异形灯罩

（1）创建基础体

首先创建基本体几何球体，在"命令面板"中的"几何体"的"标准基本体"内创建几何球体。

图 3-142 几何球体

创建时参数：半径 60mm、分段 3、基点面类型二十面体。参数如图 3-143

 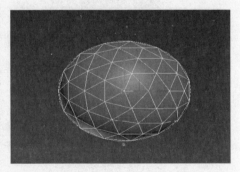

（a）参数　　　　　　　　　　（b）几何球体

图 3-143 几何球体创建参数

（2）删除底部分面数

摆正视图使用快捷键"F"转换为可编辑多边形，使用"虚线"框选选择底部的这些面，然后进行删除。

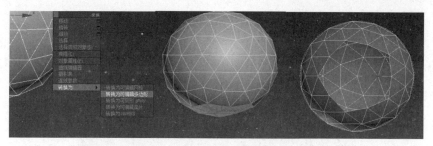

（a）转换为可编辑多边形（b）选择删除面数（c）删除面数结果图

图 3-144 几何球体删除底部面数步骤图

（3）使用缩放拉直底部缺口

1）首先选取底部缺口所有的线段，可以直接在"命令面板"中可编辑多边形转到"边界"层级点击缺口，可以直接选取。

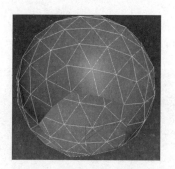

图 3-145 选择缺口线段

2）选取缺口线段后把视图转到正视图（快捷键 F）使用"缩放轴"（快捷键 R）点击 y 轴使用单轴缩放直到拉直。

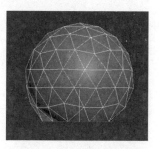

图 3-146 拉直缺口线段

3）调整形状

使用编辑器 FFD4X4X4 调整形状，首先为模型添加 FFD 修改器在修改器列表中选择 FFD4x4x4，这个时候不能对点进行编辑，需要点击 FFD4x4x4 层级下的控制点。

图 3-147 FFD 修改器

4）选中最上方点进行缩放，使整个模型的形状类似鹅卵石状样式。

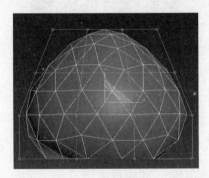

图 3-148 调整形态

5）当调整完形状后需要克隆一个模型（ctrl+v）留在后面制作需要，克隆对象选择复制。

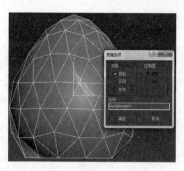

图 3-149 克隆模型

（4）制作镂空层

选择模型所有的面使用"插入"命令，按多边形插入参数为 2mm。

图 3-150 插入面

删除刚刚插入的面，添加"壳体"修改器在修改器列表中，壳体修改器参数设置内部量为 0.5mm 外部量 1.5mm。

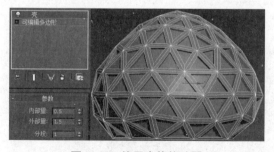

图 3-151 使用壳体修改器

给模型添加涡轮平滑修改器可以使模型圆滑，需要注意的是涡轮平滑修改器迭代一次模型面数增加四倍，一般需要的迭代次数在 1-4

次之间，如果过多的迭代会使软件崩溃。

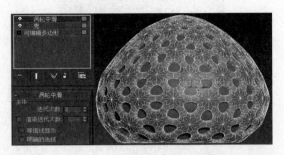

图 3-152 使用涡轮平滑修改器

（5）修改模型内部壳体

选择之前克隆的模型，使用孤立当前选择（快捷键 ALT+Q）可以单独显示当前选择模型。

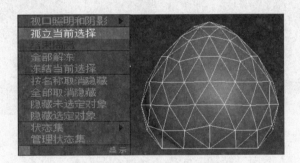

图 3-153 孤立当前选择的使用

扭转视图，选择缺口线段，把视图扭转到正视图使用移动轴按住键盘上的 shift 向下拉线段会复制出与模型相连的线段。

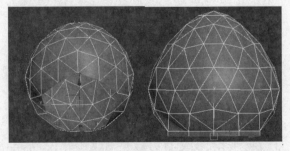

图 3-154 拉出底座

对模型添加壳体修改器使用参数内部量 1.5mm 外部量 0mm，添加涡轮平滑修改器迭代次数为 1。

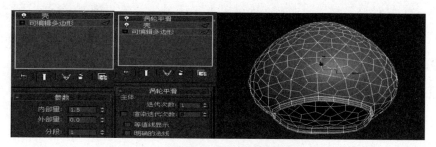

图 3-155 模型内壳添加涡轮平滑

（6）完成模型

全部取消隐藏将之前制作的镂空壳显现出来。

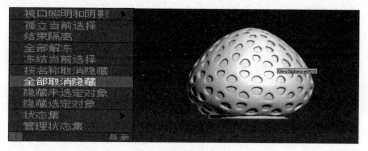

图 3-156 模型结果

3.5 Magics

3.5.1 Magics 软件介绍

MaterialiseMagics 是一款快速成型辅助设计软件，Magics 为处理平面数据的简单易用性和高效性提供先进的、高度自动化的 STL 操作，非常强大实用，为处理平面数据的简单易用性和高效性确立了标准。

Magics 是处理 STL 文件的领先工具，其提供了各种工具，使得用户可以对 STL 文件进行编辑，例如汽车零部件的尺寸一般都较大，而现有快速原型（RP）设备的加工空间又较小，用户就可以使用 Magics 的切割工具，将大型的零部件切分开，从而能够在 RP 设备中生产。

几乎所有的 CAD 软件都支持把文件导出为 STL 格式，因此 Magics 还可兼容很多主流 CAD 文件，比如：IGES、VDA、CATIA、VRML、Unigraphics 等，结合 STL 文件修复技术，STL 文件可以直接从 Magics 输出到 RP 系统，或者是分析软件 FEA（有限元分析）或 CFD（流体力学计算）中进行进一步处理，可以用最短的前置时间提供高质量 3D 打印模型。

3.5.2 Magics 软件界面

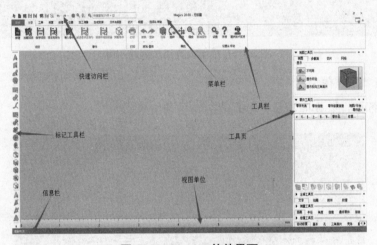

图 3–157 Magics 软件界面

Magics 软件分为七大栏，分别为快速访问栏、菜单栏、工具栏、工具页、视图单位、信息栏、标记工具栏。

快速访问栏：在快速访问栏中有新建、保存、导入、撤销、设置等常用命令。

菜单栏：菜单栏上有 magics 命令模块，工具栏、修复、生成支撑栏，视图栏等板块。

工具栏：在不同板块下放有不同的工具栏。

工具页：在工具页中有不同的命令使用起来方便简洁。

视图单位：显示当前视图缩放情况。

信息栏：写有命令信息。

标记工具栏：拥有不同的标记笔刷，标记模型上的面片进行操作。

3.5.3 Magics 软件基本操作

导入模型：在快速访问栏可以导入模型 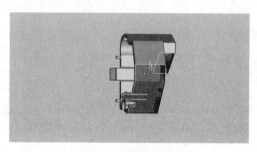（ctrl+L），在这里可以导入3D打印常用格式 stl 文件。

移动视图：按住鼠标中键进行拖拽移动视图。

视图旋转：右键鼠标，在视图中心圈内旋转可以三轴旋转，在视图中心圈外旋转进行当前默认平面二维旋转。

视图缩放：鼠标滚轮进行缩放视图。

移动模型：工具菜单栏下有多种移动方式，常用的有交互式平移 、平移 平移 、选择并放置零件 选择并放置零件 和自动摆放。

旋转模型：工具菜单栏下有多种旋转方式，常用的有交互式旋转 交互式旋转 、旋转 旋转 和选择并放置零件。

修复模型：使用 ctrl+f 打开修复向导对模型进行修复，一般使用自动修复，当自动修复失败后在进行手动修复。

添加平台：在加工准备菜单栏下设置新平台，在机器库里添加平台，添加完平台可以使用新平台打开已添加的平台，在有模型时选择从设计者视图创建新平台。

3.5.4 模型设计实战

（一）修复模型补洞训练

对工业产品件进行孔洞修补，旋转观察下图模型红色为内胆，黄色为错误轮廓，进行修补。模型错误结果如图 3-158 所示

图 3-158 观察模型

打开修复向导进行诊断，对模型进行分析，结合观察模型分析得出，模型反向三角面片、坏边、错误轮廓是由孔洞造成的。进入孔洞面板，打开手动修

复观察孔洞位置、大小与空洞类型。

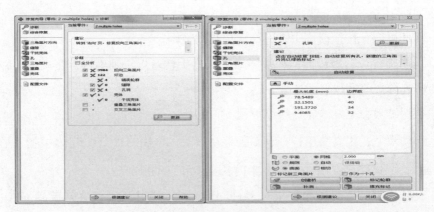

（a）修复向导诊断（b）孔洞面板

图 3-159 修复向导

（1）先对简单孔进行修补，使用手动修补命令中的补洞点击简单孔可以进行修补。

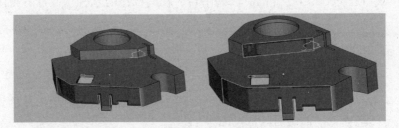

（a）对简单孔进行修补

（b）对所有简单孔进行修补

图 3-160 修复简单孔

（2）观察复杂孔的结构进行修补，使用创建桥命令把复杂孔分为二个简单孔进行修补，通过观察模型我们在圆角处使用创建桥进行修补圆角，修补完成圆角现在一个复杂孔分为了两个简单孔，使用补洞命令修补两个简单孔。结果如图 3-161 所示。

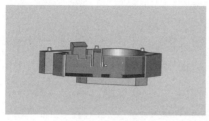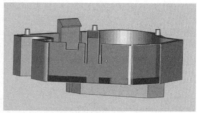

（a）观察复杂孔结构（b）使用创建桥修补倒圆部分

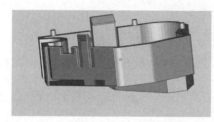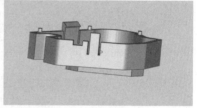

（c）修补分离的简单孔

图 3-161 修复复杂孔

（二）修复模型反向三角面片训练

1. 修复反向三角面片，先观察模型错误面片如图 3-162 所示。

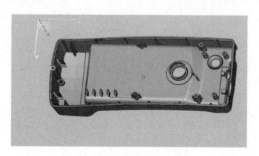

图 3-162 观察模型错误

2. 使用修复向导对模型进行诊断，发现有错误壳体，先进行检查壳体错误，点击壳体面板发现错误壳体是反向三角面片。

3D 打印基础教程与设计

（a）诊断模型错误 （b）检查壳体

图 3-163 修复向导

3.使用标记壳体对反向三角面片进行标记，标记所有反向三角面片，使用修复向导进入三角面片方向面板使用手动修复中的反转标记。

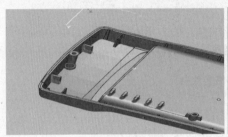

（a）标记全部反向壳体　　（b）反转标记壳体

图 3-164 选择全部反向面片

4.再次进行诊断查错，发现有错误缝隙，进入缝隙面板使用自动修复即可修复。如图 3-165 所示。

图 3-165 缝隙修复

5.最后进行查错，软件未检查到错误，我们再进行观察模型，未发现错误，模型修复完成。

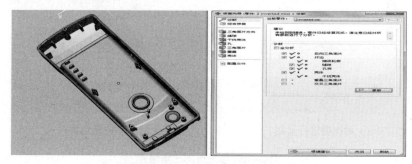

（a）修复完成模型（b）修复完成诊断结果

图 3-166 修复完成

（三）修复模型反向三角面片与修复孔洞训练

1.区分孔洞与反向三角面片的区别，仔细观察反向三角面片显示的是面片内胆看不到内部，孔洞是缺失三角面片可以看到内部情况，观察时仔细旋转观察就可区分。如图 3-167 所示。

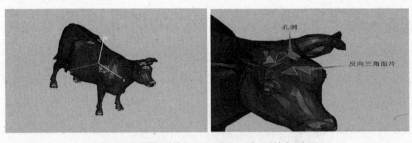

（a）观察模型牛（b）反向三角面片与孔洞

图 3-167 观察模型区别孔洞与反向三角面片

2. 使用修复向导对模型进行查错，发现壳体错误，先对模型进行壳体检查，发现壳体错误由反向三角面片引起，对三角面片进行修复。使用标记选择反向三角面片，再对标记反转即可。结果如图 3-168 所示。

（a）对模型进行诊断　　　　　　　　（b）修复完成三角面片

图 3-168 修复反向三角面片

3. 修复完成反向三角面片对模型进行再次的检查，开始修复孔洞。如图 3-169 所示。

图 3-169 进行检查结果

4. 使用补孔命令对孔洞进行修补如图 3-170（a）所示。修复完成结果进行检查如图 3-170（b）所示。

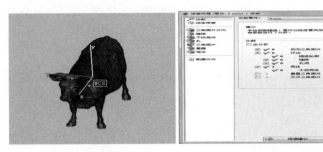

（a）孔洞修补　　　　　　　（b）完成检查

图 3-170 修复完成

（四）Magics 其它工艺介绍

除了使用修复向导进行自动修复以外，Magics 同以前版本一样，也提供了功能全面的各种修复功能。例如，使用 Magics 的自动法向修复功能可以对法向错误进行修复，使用 Stitch 命令修复间隙错误。另外，对付上面的简单错误 Magics 还可以快速地修复 STL 文件中的各种错误。Magics 提供了各种工具，使得用户可以对 STL 文件进行编辑，例如汽车零部件的尺寸一般都较大，而现有快速原型（RP）设备的加工空间又较小，用户就可以使用 Magics 的切割工具，将大型的零部件切分开，从而能够在 RP 设备中生产。

Magics 不仅能做工艺相关的修改，而且还能估计生产本钱及时间。使用这两个功能，用户就可以很好地掌控新产品的开发流程以及进行本钱控制。Magics 运行更快、更稳定，同时能够处理更大型的文件，它是处理 STL 文件的领先工具，并为基于 STL 文件的 RP、RT、RM 技术提供了全面解决方案。在汽车行业竞争日益激烈的今天，它会有效地帮助汽车设计师们大大缩短新品开发的时间。

第四章　逆向工程

4.1 逆向工程概述

在 3D 打印技术快速发展的今天，人们逐渐发现三维模型的获取变得越来越重要，相较于常规的通过自主构思并设计三维数字模型的方式而言，通过逆向工程将现实中已经存在的产品转化为三维数字模型，再对其进行修复和修改的获取方式也越来越普遍。

一般的，对于包括自然目标，比如建筑、文物以及医学组织等进行三维模型获取的逆向建模技术，都为 3D 打印模型的获取提供了新的方法；而逆向工程与 3D 打印技术的碰撞，更催生了一系列创业思维和新行业的产生和发展。比如 3D 打印照相馆，通过三维扫描仪对顾客的身体进行扫描，即可生成身体的三维数据模型，再通过 3D 打印机将其进行打印，"一张"立体生动的照片就会呈现在眼前。

图 4-1 人像扫描

4.1.1 逆向工程基本概述

三维扫描技术是集光、电、机和计算机于一体的高新技术，主要是针对物体的外形及结构进行扫描，以获得物体表面的空间坐标。它能够将扫描得到的数据转换为可以被计算机直接识别并处理的数字信号，为实物数字化提供了更加方便、快捷的方式。

逆向工程（RE，又称逆向技术、反求工程），是一种产品设计技术再现的过程，即通过对一项目标产品进行逆向分析及研究，进而演绎并得出该产品的处理流程、组织结构、功能特性及技术规格等设计要素，从而生产出功能相近、但却又不完全一样的产品。

逆向工程源于商业及军事领域中的硬件分析，其主要目的是在无法获得必要的生产信息的情况下直接从成品分析，推导出产品的设计原理。逆向工程可能会被误认为是对知识产权的严重侵害，但是在实际应用上，通过逆向工程可以帮助我们找寻侵犯知识产权的证据，反而能够保护知识产权所有者。

逆向建模是通过对多通道二维信号及其他相关信息的处理和综合来重建三维信号的一种建模方式，是逆向工程中最基础也是最重要的一个组成部分。通过反求工程获取模型的方法可以归类为以下四种：

①工程样图反求：根据二维工程图样（正投影图）反求三维实体模型的三维重建方法，随着计算机技术的不断发展，人们越来越关注通过计算机来自动识别和处理二维视图，最后构造出与二维视图相对应的空同三维实体。这样不仅可以提供足够的易于理解的零件形状信息，对设计人员来说，还可以从二维图形和三维实体的比较中发现那些设计中存在的问题，对于编程人员来说也可以缩减他们的工作量。

②断层三维重建：给予 CT、超声等技术，根据所获取的一系列二维切片用来构造物体的三维模型。这类方法主要应用于医学影像处理和快速成型加工等领域。

③立体视觉三维重建：基于计算机视觉的三维重建技术是指由两幅或多幅二维图像来恢复出空间物体的几何信息。其原理是利用计算机视觉技术中的经典解析算法对照片之间的特征进行相互匹配，再通过解析基本矩阵计算匹配所需的特征点，实现照片的三维拼接。

④ 3D 扫描重建：3D 扫描技术的关键在于如何快速获得物体的三维立体信息，目前较为常见的 3D 扫描技术大致可分为接触式和非接触式两大类。通过使用三维扫描仪对产品表面进行扫描，可以得到一系列关于该物体的点云数据，经过处理后再传输到 3D 打印机或加工中心进行生产制造，能够极大地缩短产

品的研发周期。

4.1.2 逆向工程的应用领域

逆向工程作为能够实现较快速度的实物数字化的一项技术，目前已被广泛应用于诸多领域，如航天器的复杂零部件的面型检测，压缩机、内燃机、水力机械等能源装备的设计和制造，汽车整车的设计建模及试制造、改装、模具设计、检测及模具修复等。逆向工程的应用方向大致可分为逆向辅助设计、全尺寸检测和三维数据的保存及展示三大类。

4.1.3 逆向辅助设计

逆向辅助设计的整体操作流程大致可划分为获取物体三维数据→对获取的数据进行处理，生成物体的三维数字模型→对三维数字模型进行修改、补充→生产。

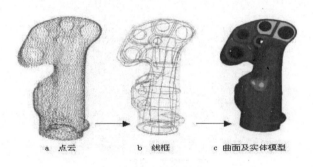

a 点云   b 线框   c 曲面及实体模型

图 4-2 逆向工程的处理过程

对手板、样品等实物模型进行三维数字化，可以得到其三维立体尺寸数据，这些数据能直接与逆向设计软件、CAD/CAM 软件接口，在 CAD 系统中可以对数据进行调整和修补，再将三维模型的数据包送至 3D 打印机或加工中心上制造，可以极大地缩短产品研制周期。

4.1.4 全尺寸检测

全尺寸检测又被称为痊愈检测，是一种适合自由曲面多、产品结构复杂的零部件的三维检测。运用三维扫描仪的精确扫描技术，能够使得数字化的实物在各种三维检测软件中检测出每一处误差。

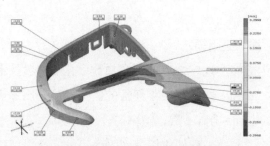

图 4-3 产品零部件的全尺寸检测分析

4.1.5 三维数据的保存及展示

物体的三维数据的应用非常广泛，诸如文物、工艺品、商品、机械零件的三维模型重建及展示，通过三维扫描仪快速建立的三维数据模型，再结合三维美工、加工制造以及三维测量等技术的综合应用，使得三维扫描在文物修复、物品展示和数据存档等方面发挥了不可替代的作用。

图 4-4 三维扫描古文物

4.2 三维扫描仪

三维扫描仪 (3Dscanner) 是一种科学仪器，用来侦测并分析现实世界中物体或环境的形状（几何构造）与外观数据（如颜色、表面反照率等性质）。

三维扫描仪的用途是创建物体几何表面的点云（pointcloud），这些点可用来插补成物体的表面形状，越密集的点云可以创建更精确的模型（这个过程称做三维重建）。若扫描仪能够取得表面颜色，则可进一步在重建的表面上粘贴材质贴图，即所谓的材质映射（texturemapping）。

搜集到的数据常被用来进行三维重建计算，在虚拟世界中创建实际物体的数字模型。这些模型具有相当广泛的用途，工业设计、瑕疵检测、逆向工程、机器人导引、地貌测量、医学信息、生物信息、刑事鉴定、数字文物典藏、电影制片、游戏创作素材等都可见其应用。

4.2.1 三维扫描仪的分类

三维扫描技术又被称为实景复制技术，最早是由 L.Rober 在其所著的一篇论文"三维物体的机器感知"中提出的，这篇文章明确指出了通过 PC 机获取物体三位信息的可能性，L.Rober 还通过 PC 机程序从数字图像中提取出了立方体、楔形体和棱柱体等规则多面体的三维结构。他的研究工作拉开了三维机器视觉研究的序幕，这标志着三维扫描技术时代的到来。

多年来，随着计算机技术的高速发展，三维扫描技术也在 20 世纪 80 年代迎来了一场全球性的研究热潮。20 世纪 90 年代，我国的 863 计划中就加入了研制三维扫描仪的计划，随着清华大学、西安交通大学等一批国内高校加入三维扫描技术的研究队伍，使得这项技术有了长足的进步。

对于三维扫描技术而言，采用何种原理来获取物体的三位信息，在很大程度上决定了装置的构造、性能、成本和适用范围。近十年来，出现了各种各样的三维扫描方法，总体可分为接触式和非接触式两大类，后者根据扫描介质来源的不同，又可分为主动扫描和被动扫描两大类。

（一）接触式三维扫描仪

接触式测量主要有三坐标测量机（CMM）、铣削测量机和机械臂，其中比较常见的是三坐标测量机。三坐标测量机是测量和获得尺寸数据的最有效的方法之一，因为它可以代替多种表面测量工具及昂贵的组合量规，并把复杂的测量任务所需时间从小时减到分钟。三坐标测量机的功能是快速准确地评价尺寸数据，为操作者提供关于生产过程状况的有用信息，这与所有的手动测量设备有很大的区别。将被测物体置于三坐标测量空间，可获得被测物体上各测点的坐标位置，根据这些点的空间坐标值，经计算求出被测物体的几何尺寸、形状和位置。三坐标测量机主要应用于机械、汽车、航空、军工、家具、工具原型、机器等中小型配件、模具等行业中的箱体、机架、齿轮、凸轮、蜗轮、蜗杆、叶片、曲线、曲面等的测量，还可用于电子、五金、塑胶等行业中，可以对工件的尺寸、形状和形位公差进行精密检测，从而完成零件检测、外形测量、过程控制等任务。

三坐标测量机也可用于正向工程中的产品检验。

（二）非接触式三维扫描仪

对于非接触式测量而言，根据其测量时使用介质的不同，大致可分为，光学测量、超声波测量、电磁波测量等。不同的方法，其测量各有特点，测量速度和精度也相差较大。其中光学测量是目前研究领域最热门，也是应用领域最广泛的技术。

光学测量包括三角法、飞行时间法、干涉法、结构光法和图像分析法等，其中三角法、飞行时间法和干涉法属于激光测距的范畴。

非接触式扫描仪具有高效、高精度的扫描建模能力，因而在机械、模具、检测、教育等领域得到了较为广泛的应用；一些具备精密测量功能并能提供高精度和分辨率的三维数据的仪器，在文物修复、精密仪器制造等方面具备更强的实用性。

4.2.2 三维扫描仪的原理

为快速、准确地获取物体的三维立体信息，人们进行了长期的研究，并从中总结出了各种各样的方法，究竟采用何种方式来获取物体的三维立体信息，在很大程度上决定了装置的构造、性能、成本和适用范围，各类扫描装置的区别也正在于此。

（一）三坐标测量机（CMM）

三坐标测量机是基于坐标测量的通用化数字测量设备。首先将各被测几何元素的测量转化为对这些几何元素上一些点集坐标位置的测量，在测得这些点的坐标位置后，再根据这些点的空间坐标值，经过数学运算求出其尺寸和形位误差。

三坐标测量机是测量和获得尺寸数据的最有效的方法之一，因为它可以代替多种表面测量工具及昂贵的组合量规，并把复杂的测量任务所需时间从小时减到分钟。三坐标测量机的功能是快速准确地评价尺寸数据，为操作者提供关于生产过程状况的有用信息，这与所有的手动测量设备有很大的区别。将被测物体置于三坐标测量空间，可获得被测物体上各测点的坐标位置，根据这些点的空间坐标值，经计算求出被测物体的几何尺寸、形状和位置。

三坐标测量机主要用于机械、汽车、航空、军工、家具、工具原型、机器等中小型配件、模具等行业中的箱体、机架、齿轮、凸轮、蜗轮、蜗杆、叶片、曲线、曲面等的测量，还可用于电子、五金、塑胶等行业中，可以对工件的尺寸、形状和形位公差进行精密检测，从而完成零件检测、外形测量、过程控制等任务。

三坐标测量机按照结构形式分类可分为移动桥式结构、固定桥式结构、龙门式结构、悬臂式结构、立柱式结构等。

图 4-5 三坐标测量机

（二）拍照式三维扫描仪

拍照式三维扫描仪的工作过程类似于拍照过程，扫描物体的时候一次性扫描一个测量面，使得扫描过程变得快速、简捷、高效。拍照式三维扫描采用的是面结构光技术，扫描速度非常快，一般在几秒内便可以获取百万多个测量点，基于多视角的测量数据拼接，则可以完成物体 360° 的扫描。操作简单方便，同时设备一般比较小巧、便携，是三维扫描、工业设计和工业检测的好助手。

拍照式三维扫描仪采用非接触白光、蓝光等技术，避免对物体表面的接触，可以测量各种材料的模型，测量过程中被测物体可以任意翻转和移动，对物件进行多个视角的测量，系统进行全自动拼接，轻松实现物体 360° 的高精度测量。并且能够在得到物体表面三维数据的同时，迅速地获取彩色纹理信息，得到逼真的物体外形，能快速地应用于机械、模具及检测。

图 4-6 拍照式扫描仪

（三）手持式三维扫描仪

手持式三维扫描仪是一款更易于进行扫描作业的 3D 扫描设备，主要利用散斑光栅进行扫描，具有操作方便和速度快等特点，不仅可以快速、精确扫描物体的 3D 模型及数据，其高级版本还内置了高分辨率数码相机，用于获取目标对象表面的纹理颜色信息，对使用环境要求不高，并且几乎不受物体尺寸和复杂性的限制。

目前，大多数激光扫描仪所采用的工作方式是脉冲激光测距的方法，采用无接触式高速激光测量，以点云形式获取扫描物体表面阵列式几何图形的三维数据。基于地面的激光扫描仪主要包括激光测距系统和激光扫描系统，整套设备大小类似于全站仪，一般架设于三角架上进行扫描工作。激光测距系统采用非接触方式，利用激光束从发射到接收的时间差或者相位差来精确、高速地测量扫描点与扫描仪的距离。激光扫描系统通过匀速旋转的反射镜引导激光束以等角速度的方式发射，并测量激光束的水平方向与竖直方向的角度。两系统相结合，即可计算出每一个扫描点的空间三维坐标。

手持式扫描仪不仅可以完成日常的室内测量工作，还可以在外部空间等工作现场进行工作，广泛应用在工业设计、瑕疵检测、逆向工程、3D 打印中，在机器人导引、地貌测量、医学信息、生物信息、刑事鉴定、数字文物典藏、电影制片、游戏创作素材等方面亦可见其应用，手持式三维扫描仪的缺点是无法实现拍照式的结构光三维扫描仪的精度和细节表现力，例如扫描一枚硬币时，通常手持式三维扫描仪无法完美体现花纹和数字。

图 4-7 手持扫描仪

4.2.3 不同扫描仪的优缺点

目前市面上三维扫描仪种类繁多，在购买和使用三维扫描仪时需要注意选择适合自己实际用途的设备，这就需要对不同种类三维扫描仪的原理及优劣势有一定的了解。

（一）接触式三维扫描仪

其优点是：

1.具有较高的准确性和可靠性；

2.配合测量软件，可快速准确地测量出物体的基本几何形状。

其缺点是：

1.测量费用较高；

2.探头易磨损且容易划伤被测物体表面；

3.测量速度慢；检测一些内部元件有先天的限制；

4.接触探头在测量时，接触探头的力将使探头尖端部分与被测件之间发生局部变形而影响测量值的实际读数；

5.由于探头触发机构的惯性及时间延迟而使探头产生超越现象，趋近速度会产生动态误差。

（二）非接触式三维扫描仪

其优点是：

1.非接触式的光电方法对曲面的三维形貌进行快速测量已成为大趋势；

2. 对物体表面不会有损伤；

3. 相比接触式扫描仪，非接触式三维扫描仪具有速度快，容易操作等特征，三维激光扫描仪可以达到 5000 — 10000 点 / 秒的速度，而照相式三维扫描仪则采用面光，速度更是达到几秒钟百万个测量点，应用于实时扫描，工业检测具有很好的优势。

其缺点是：

1. 较之接触扫描仪而言扫描精度较低；

2. 无法扫描表面反光的物体。

4.2.4 三维扫描仪的操作

（一）三维扫描软件的选用

三维扫描软件的基础用途是用于识别三维扫描仪获取到的物体表面信息，一般与三维扫描硬件设备配套提供。一般情况下，不同厂家的硬件设备和软件之间无法通用。

（二）拍照式扫描仪的使用

1. 扫描前的准备

（1）喷涂显影剂

由于光学扫描仪不适合处理闪亮（高反照率）、镜面或半透明的表面为带测量物体的表面，故在对物体进行三维扫描之前，需先对待测量物体表面喷涂显影剂（反差增强剂），使得物体表面产生漫反射现象。

（2）布置标定点：根据待测物体的不同，合理制定相应的标定点布置方案。参考点的大小根据待测实物的外形尺寸来确定，贴标定点时，需注意以下问题：

在扫描时要保证 CCD 相机必须能够检测到布置的标定点，且每一次拍摄要有三个以上的标定点被两个 CCD 镜头同时获得，扫描软件会根据这三个（或更多）标定点的空间位置关系来对已拍摄的照片和下一张照片进行拼接，即拍摄的每一张照片中必须要有上一张照片中的至少三个标定点。如此循序递推便可完成整个测量工作。标定点的数量不宜过多，否则会使后期的处理工作产生一定的困难。

（3）对扫描系统的软硬件标定：三维扫描仪是一类高精度的检测仪器，

每一个部件都有各自精确的工作位置。当移动或震动设备后，内部的零件就会细微变动，导致设备不能正常工作。此时就需要对系统进行标定，标定的精度将直接影响系统的扫描精度。如果使用过程中已经标定过系统，在系统未发生任何变动的情况下，进行下一次扫描时可以不用再进行标定。

在设备遇到以下情况时需要对其进行重新标定：

①扫描仪初次使用或长时间放置后使用；

②扫描仪使用过程中发生碰撞，导致相机位置偏移；

③扫描仪在运输过程中发生严重震动；

④扫描过程中频繁出现拼接错误、拼接失败等现象。

系统的硬件标定即对三维扫描设备的标定，将三维扫描仪与计算机主机相连接，启动相应的三维扫描软件，并通过软件提示参数以及实际扫描需要对设备进行调试。需调整的变量依次是：测量距离（物距）、投影光源的清晰度、CCD 相机之间的位置关系、相机镜头对焦及光圈调节。

系统的软件标定就是利用设备相对应的扫描软件对系统进行标定，从而调整 CCD 镜头的设置和位置。可根据相对应的镜头规格，选用相对应的标定板，按照软件提示步骤来完成标定。

2.扫描：非接触式扫描仪的扫描模式大致分为四种，即手动扫描、拼接扫描、转台扫描和框架点扫描。

（1）手动扫描需要人工手动选点完成多幅数据间的坐标对齐，适合扫描特征比较多、精度要求不高的工件，比如工艺品、人偶等；

（2）拼接扫描是软件系统根据标定点自动拼接，人工干涉少，拼接精度高，是工业产品逆向设计、加工件的质量检测最常用的方法，也是工业级扫描仪常用的拼接方式之一；

（3）转台扫描需要搭配电动转台一起使用，将工件放置于转台上，软件中设置好扫描路径。软件一次性自动完成整个扫描过程，这种扫描模式根据工件的不同，一般需要设计特制的夹具固定扫描工件；

框架点扫描的功能是在扫描过程中，只提取贴在工件表面的标志点位置处的点坐标，方便在大型工件上提取关键位置处点坐标。

以拼接扫描为例，为完成对一个工件的扫描往往需要多次测量。调整好扫描仪对准要扫描采集数据的部位，调整投射到表面的光线的曝光值，保证在一次测量中同时满足工件表面不同区域的光线强度，每次测量完成后，软件系统会将本次测量结果与之前的数据进行自动拼接，移动扫描头或工件来扫描物体的其他区域，直至完成整个模型的扫描。

3、数据预处理与导出

一般情况下，扫描仪配套的扫描软件都支持对扫描完成的三维数字模型数据进行处理，在模型扫描完成之后，可以通过一系列操作将模型的点云重叠度变小、拼接精度更高，提升数据质量。

将数据导出至其他软件当中进行进一步的优化和修复，导出文件可以是包含点云数据的文件，也可是经过数据融合后的包含三角网格数据的文件。

4.3 逆向工程软件 GeomagicStudio

点云是坐标系中的数据点的集合。在三维坐标系统中，这些点通常由 X、Y 和 Z 定义，代表着目标的外部表面。点云通常由 3D 扫描设备产生，这些设备测量目标表面的大规模点，从而得到点云数据文件，这些点云就表示设备所测量过的目标上的点。在导出的点云数据中，一般都会存在一些特征的缺失，这就需要后期对数据做一些修复工作。目前主要使用的逆向设计软件包括美国 Raindrop 公司开发的 GeomagicStudio，美国 EDS 公司的 Imageware 软件，韩国 INUS 公司的 Rapidform 软件以及英国 DelCAM 公司开发的 CopyCAD 软件。

4.3.1 GeomagicStudio 软件介绍

在数据修复中，最常使用的软件是 GeomagicStudio，主要用于修复一些数据的缺失，删除一些多余的数据，修复扫描数据为一个完整的三维数据。

GeomagicStudio 能够根据三维扫描仪扫描物体所得的点云数据创建出良好的多边形模型或网格模型，并将网格化的模型转换 NURBS 曲面。GeomagicStudio 软件是应用最为广泛的逆向工程软件，是目前处理三维点云数据功能最强大的软件之一。

GeomagicStudio 软件的主要特点是支持多种扫描仪点输入文件格式的读取

和转换、预处理海量点云数据、智能化构造 NURBS 曲面、曲面分析等。该软件采用点云数据采样精简算法，相较于其他同类处理软件，GeomagicStudio 对点云数据操作时进行图形拓扑运算速度快、显示快，而且软件界面设计更加人性化。使用该软件可以简化三位点云数据处理的过程，缩短企业产品的设计周期并确保产品的质量。目前该软件已经广泛应用于医疗设备仪器、汽车、航空航天和消费产品的开发与设计。

4.3.2 GeomagicStudio 软件界面

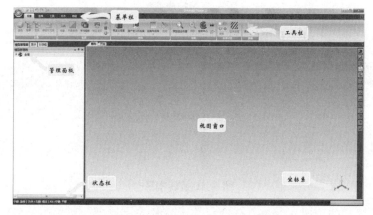

图 4-8 GeomagicStudio 软件界面

从图中可以看到，GeomagicStudio12 的用户界面非常简介明了，基本上是由菜单栏、工具栏、管理器面板、视窗窗口、状态栏、进度条以及坐标系等部分构成。

菜单栏：提供处理过程中所设计的命令接口；

工具栏：提供常用命令的快捷按钮；

管理器面板：包含了管理器的按钮，允许控制用户界面的不同项目；

视窗窗口：显示模型导航器被选中的工作对象，在视窗里可做选取工作；

状态栏：提供给用户系统正在进行的信息或者用户可以执行的信息；

坐标系：显示模型相对于世界坐标系坐标的当前坐标。

4.3.3 GeomagicStudio 基本操作

1.特征选择：按住鼠标左键并进行拖动，对想要选中的特征依次进行框选，被框选的区域会呈红色显示。

图 4-9 被扫描模型

2. 旋转视图：单击并按住鼠标中键并进行拖动即可实现。

图 4-10 旋转视图

3. 平移视图：按住键盘上的"Alt"，随后单击并按住鼠标中键进行拖动。

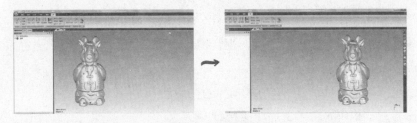

图 4-11 平移视图

4. 视图缩放：使用鼠标滚轮即可调节视图的放大与缩小。

以上视图控制相关命令均需要在鼠标位于视图窗口时操作方可生效，否则可能无效或变为其他命令。

图 4-12 视图缩放

5.模型适合视窗：点选软件界面右侧快捷工具栏中的 ，GeomagicStudio 会自动将模型调整至合适的大小和位置，使用这个命令可以帮助快速观察模型整体情况，在编辑模型时亦会提供一定的便利。

4.3.4GeomagicStudio 实际应用

GeomagicStudio 支持多种格式三维数字模型的编辑和修改，而针对点云文件和三角形网格的三维模型文件，GeomagicStudio 会有不同的命令对其进行处理。在使用 GeomagicStudio 时，要按照一定的顺序使用这些命令，这样才能保证模型的处理效果。

1）GeomagicStudio 基于点云的数据处理

1.启动 GeomagicStudio12，单击软件界面左上角的 LOGO，在弹出的菜单中单击"导入"，在弹出的对话框中选择需要进行处理的模型文件，点击"确定"进行导入。

图 4-13 GeomagicStudio 确定导入界面

2.导入点云文件后可以发现，模型呈现出黑色的显示外观，各部分结构和细节均无法区分。

213

图 4-14 模型呈现黑色显示外观

将视图拉近，能够看到此时的模型其实是由一系列的黑点聚合在一起形成的。

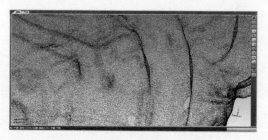

图 4-15 视图拉近后呈现的模型

使用软件上方工具栏中的"着色点"命令，改变模型的颜色，使之更便于观察。该命令效果如下图 4-16 所示。

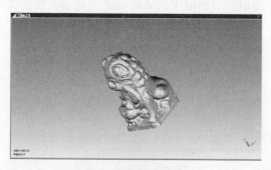

图 4-16 着色点命令

3. 使用"选择"命令下的"断开组件连接"，软件将自动计算并选中脱离模型主体的点云集合体；"体外孤点"命令则会帮助计算并选择游离于模型主体以外的零散点；也可以通过按住鼠标左键并拖动的方式对不需要的结构进行框选，被选择区域的点会呈现红色。

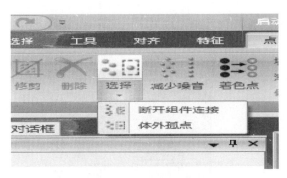

图 4-17 选择命令操作

需要注意的是，以上操作或命令只会帮助选择这些结构或孤点，在选择完成后还需要手动点击工具栏上的"删除"命令或键盘上的"DEL（Delete）"对被选中区域进行删除操作。GeomagicStudio 中的"断开组件连接"和"体外孤点"命令非常保守，可根据实际扫描结果重复操作若干次，以达到最佳效果。

4. 造成点云文件上出现噪点的原因可能是扫描设备轻微震动、外界环境干扰、物体表面较差、光线变化等。为了获得精确的三维点云数据，需要减少噪音。选择"减少噪音"命令，在左侧对话框中，将"偏差限制"值设置为 0.1 毫米，点击"应用"，等待软件计算完成后点击"确定"按钮完成本命令。执行该操作，软件将自动发现并删除与模型主体无联系的点或体外点、噪声点。减少噪音命令有助于减少在扫描中的噪音点，更好更精确地表示物体真实的形状。

图 4-18 减少噪音命令操作

5. 选择"封装"命令，软件会自动进行计算并将点云转换成由三角网格面。

在 GeomagicStudio 中，由三角形网格构成的曲面其外表面一般呈现蓝色，内表面呈现黄色。

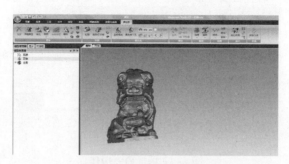

图 4-19 封装命令操作

2）GeomagicStudio 基于三角面片的数据处理

当处理对象变为由三角形网格构成的模型时，GeomagicStudio 会提供一系列全新的命令，在模型修复方面，常用到的有"简化"、"松弛"、"删除钉状物"、"快速平滑处理"、"砂纸"、"填充孔"、"去除特征"等。

简化：由于三维扫描会产生大量的空间点云数据，点云生成的三角网格的数量会非常庞大，为了精简数据量，需要对模型三维点云数据进行简化。选择"多边形"工具栏下的"简化"命令，可以对构成模型所用的三角形面片数进行简化。

图 4-20 简化命令

在左侧对话框中可使用"目标三角形计数"，将三角面片数量减少至一个确定的数值；也可使用"减少到百分比"命令，以百分比的方式减少三角形面片的总数。

松弛：如果三角形网格化模型表面粗糙，所生成的模型表面质量较差，则可以对模型进行松弛处理。选择"松弛"命令，根据需要调节各参数强度，点击"应用"，等待软件计算完成后点击"确定"即可。需要注意的是，过度使用松弛命令会使得模型丧失表面细节。

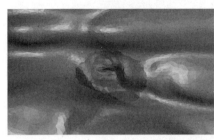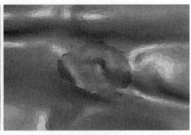

图 4-21 待松弛网格图 4-22 网格松弛之后

填充孔：由于局部点云数据的缺失，三维扫描模型网格化之后会形成孔洞，造成模型的不完整，可以通过"填充孔"命令将模型缺失的部分填补上。即使是棱线缺失的区域，GeomagicStudio 也能通过其自身强大的运算能力进行修复。

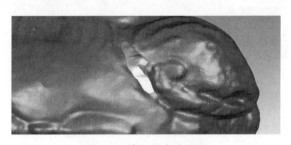

图 4-23 填充孔命令操作

选择"填充单个孔"命令，将鼠标放置在孔洞的边缘处，此时孔洞边缘变红，单击鼠标左键即可完成补洞。当孔洞中央有零散分布的、与模型主体不相连的三角面片结构时，会影响补孔效果，可单击鼠标右键，在弹出的菜单栏中选择"删除浮点数据"命令对其进行清除。完成所有孔洞的填补后，再次点击"填充单个孔"命令，即可完成。

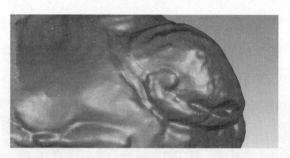

图 4-24 填充完成效果

　　如果孔洞的数量过多，可使用"全部填充"命令，进入全部填充对话框，将"取消选择最大项"的数值设置为"1"，点击应用后确定，GeomagicStudio 将会自动填充所有探测到的孔洞。

图 4-25 全部填充命令

　　去除特征：对于流线型、弧形等曲率要求较高的三维模型，错误点云数据可能导致三维模型表面有尖锐凸起等特征，可以通过鼠标将待修复区域选中，再选择"去除特征"命令对其进行处理。

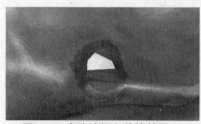

图 4-26 去除特征之前的效果　　　图 4-27 去除特征之后的效果

　　"去除特征"命令就像是局部自动的"平滑"命令以及"填充孔"命令的集合，使用"去除特征"命令，软件将去除被选中区域的所有模型错误，同时也会抹平该区域的细节，所以在使用本命令时尽量选择较小区域生效，以免出现特征去除过度的结果。

3）数据的保存和二次处理

当完成所有修复工作后，可以将其保存为STL（Binary，二进制）格式的文件。这时就可以带着这个数据开始新的旅程了。为了得到更加美观、或满足工业需求的三维数据，需要对其进一步美化或二次设计。这是一个更加专业化的领域，设计师们会对数据做进一步的处理，使其更加美观或独特，拥有一些新的效果。各行各业都有属于自己行业的设计软件和设计思维。

1.工艺品的美化

工艺品行业中一般使用3DMAX、ZBrush等软件，对数据进行美化，使数据上的细节更加清晰美观或加入个性化的纹理。这时设计师会变为艺术家，让数据焕然一新、充满美感和艺术气息。

2.工业产品的二次设计

工业产品中一般使用UG、SolidWorks、CATIA等工业设计软件，对扫描数据进行逆向设计和装配分析，从而得到一个标准的机加工数据。这时设计师会变为工程师，让数据变得更加严谨和参数化。

第五章　设计心理学

5.1 设计心理学基础概论

5.1.1 什么是设计心理学

设计心理学是设计专业的一门理论课,是设计师必须掌握的学科,是建立在心理学基础上,把人们的心理状态,尤其是人们对于需求的心理,通过意识作用于设计的一门学问。它同时研究人们在设计创造过程中的心态,以及设计对社会及对社会个体所产生的心理反应,反过来再作用于设计,起到使设计更能够反映和满足人们心理的作用。

现代的设计师理论家按设计目的的不同,将设计计划分为三类:

为了传达设计——视觉传达设计

为了使用设计——产品设计

为了居住设计——环境设计

根据就是自然——人——社会划分

5.1.2 设计心理学的意义

开展设计心理学的研究意义是沟通生产者、设计师与消费者的关系,使每一个消费者都能买到称心如意的产品,要达到这一目的,必须了解消费者的心理和研究消费者的行为规律。

5.1.3 设计心理学的研究方法

①观察法

观察法是心理学的基本方法之一,所谓的观察法是在自然条件下,有目的、有计划地直接观察研究对象的言行表现,从而分析其心理活动和行为规律的方法,观察法的核心是按观察地目的,确定观察的对象,方式和时机。--- 观察记录的内容应该包括观察的目的、对象、时间,被观察对象的言行、表情、动作等的质量数量等,另外还有观察者对观察结果的综和评价。

观察法的优点：自然，真实，简便易行，花费低廉。缺点：是被动的等待，并且事件发生时只能观察到怎样从事活动并不能得知为什么会从事这样的活动。

②访谈法

是通过访谈者与受访者之间的交谈，了解受访者的动机、态度、个性和价值观的一种方法，访谈法分为结构式访谈和无结构式访谈。

③问卷法

就是事先拟订出所要了解的问题，列出问卷，交由消费者回答，通过对答案的分析和统计研究得出相应结论的方法。

一－开放式问卷＼二－封闭式问卷＼三－混合式问卷。优点是短时间内能收集大量资料的有效方法；缺点是受文化水平和认知程度的限制。

④实验法

有目的的在严格控制的环境中或创设一定条件的环境中被测试产生某种心理的现象，从而进行研究的方法。

⑤案例研究法

通常以某个行为的抽样为基础。分析研究一个人或一个群体在一定时间内的许多特点。

⑥抽样调查法

揭示消费者内在的心理活动与行为规律的研究技术。

⑦投射法

⑧心理描述法等

5.1.4 设计是无言的服务

认知心理学认为：在内部世界与外部世界之间存在着一种对应关系，人脑内部是以符号、符号结构以及符号操作来表征、解释外部世界的。"符号"是信息的载体，因此，这些心理表征（mentalrepresentation）就代表了外部世界存贮在头脑中的"信息"。内、外两个世界不断的进行着信息的交换，这样的结构就解释了人与外部环境之间的"信息交换"的关系本质。

每个人都是一个"复杂的、开放的巨系统"，是一个知识、记忆与幻想的综合体，是一本书，是环境磁场中的一粒小铁屑，是操作手册，是经验清单的混合，是一个世界。在日常生活中，沿时间轴从眼前流动而过的外部世界是一系列人、物、事件、话语、行为、意义等。"意识里的世界"与"环境中的世界"每一时刻都进行着信息的交换、打散、重组、混合，每一时刻都在进行着适应性的选择、决策、行动。

通过以上分析可以得出结论：在"设计心理学"的结构内，"行为与信息"被看做是联结人与物、人与外部环境之间的"纽带"；主体内在的意识世界通过"行为"影响、改变外部世界；外部环境世界——"空间流"和"时间流"通过"信息"进入人的意识世界。我们正是通过"行为互动"与"信息交流"——做"事"，才与"物"、"他人"在特定的"时间"与"空间"发生特定"关系"的。设计活动本身也是一种复杂的人类行为。这些行为包括一系列动作、信息的接收、认知与反馈等过程。"意义"指主体意识下行为的"原因与目的"。

任何具体的行为都是可见的、外显的，这仅仅是行为的一部分，我们还必须要了解"行为的意义"。比如一个人眨眼可能是纯粹的生理行为，但也可能是个文化行为——眉目传情；一个人颤抖可能是无意识的生理反应（冷），也有可能是紧张或恐惧的心理原因；红灯等待已经成为了我们的习惯性行为，我们视其为理所应当，但这样的行为也许是社会的建构；为了宗教事业献身或去贫困山区教书被认为是"非理性"的，但这也正体现着行为主体的价值理性；一个消费者的购买行为可能并不是出于对商品功能的需要，而仅仅是美丽的外观制造的情感体验让他砰然心动……

而这些包含着情绪、价值观等"非理性"成分的行为往往让人难以理解。因此，对人类行为的研究需要沿着"生物学——心理学——文化社会学"的路径逐步地深入，"深描"外显行为的内在规律，发现动作背后的意义。在行为过程中主体意识沿时间流动，"意义"随之产生。这样的意识还会在行为结束后的反思性关注中产生"情感"与"价值"的判断。因此，在"设计"的"意义"中还包含了"情感的产生"与"价值的判断"。"设计"总是蕴涵着"意义"。为了强化"意义"，人们可能把事的过程复杂化、精细化或神圣化，比如宗教、祭祀仪式、喜庆节日、正式的社交晚宴等。

知识是人类心灵的营养，"求知"之中蕴含着无限情感的创造力。在设计遨游的航程中，感知过程无不空灵完美，寻常山石景致也会具有神奇之韵。在求知活动中，主体会越过艺术世界的领域，到哲学的云端上去渺渺于怀，慨叹天淡云闲、万事浮埃、千载悠悠，这或许正是人类热爱生活的缘故吧！因为探索的情感，会净化和提升人类的心灵。从这个意义上讲，超越了现实情感的真实就是为了探索知识的抽象特征。求知的最高成就，就在于它能够表现：言说不清但又不得不说的东西。

技术、自然科学、哲学、社会学、艺术、宗教学、心理学等学科都表达不清的某种东西，在探索、创造和设计中却让人们领悟了人类的意义，这正是求知的价值所在。创造和设计的实践养育和滋润了人类社会，曾表达了人类多如繁星的情感意象，与其说人生社会的经历的极限就是世界的极限。还不如说"求知"、"探索"和设计创新的极限才是世界的极限，因为自然科学或社会科学归根到底也是人类求知的一个阶段，是人的领悟同大自然和社会对话的过程。人在提问，大自然和社会在回答。在物质的世界里，人的生命如流星瞬逝，匆忙而淡泊。个体生命的几十年，人人都在寻找心灵共振的磁场，都渴望在心灵的完善中追寻无穷无尽的精神向往，所以人类才会不断地学习、探索和创造、设计。人，如果只是一种生理机械的程序，只是利欲熏心的经营，那人类的生命毫无意义可言。如果真是那样，那将是一种怎样可怕的情境？所幸的是，人类并不如此。人类是充满了血肉情感的生灵，有着无穷无尽的渴望、理想与追求，需要去尝试、探索、试验、实现。技术带来了更多的新产品，也使人类愈加迷惑。如今，人们频繁地使用互联网、移动电话、便携式单放机以及各种各样可以发送接收信息和电子邮件的无线便携设备，这说明在人们的生活中，技术变得十分重要。然而，人类却经常发现有些网站很难用，手机变得越来越复杂，汽车内的仪表板让人有置身于飞机驾驶舱的感觉。新产品不断出现在卧室里、汽车内和大街上。每当一项新技术开发出来，公司便把过去的技术抛开，让工程师根据行销要求创造出新颖、前卫、功能众多的产品，结果却使用户不断陷入迷惑状态。技术人员总是幻想对住宅进行遥控。在开车回家的途中，打一个电话，住宅内的各种设备就开始自动运转：启动电暖器或空调、开始往浴缸里注水或是煮一壶咖啡。有些公司的产品已经实现了这种功能。但是这又何必呢？想想一个普通的汽车收音机带给用户的麻烦，再设想一下一边开车，一边试图遥控家中的各类设备，真不知道会发生什么，不仅让人感到有些不寒而栗。

设计是一项复杂的工作，涉及很多学科。工程师设计出桥梁、大坝，也设计出电路和新型材料。"设计"一词被用在服装、建筑、室内装修和园艺等各个领域。设计人员大多是艺术家，他们强调产品的美感，而有些设计人员则只关心成本。总之，大部分产品的研制与众多学科有关。尽管本书侧重于研究如何使产品的设计符合用户的需要，但这只是设计中要考虑的各种因素之一——没有一个因素不重要。设计实际是一个对表面上相互冲突的各种要求进行协调的过程，因此设计是一门充满挑战、颇具意义的学科。要想设计出以人为中心、方便适用的产品，设计人员从一开始就要把各种因素考虑进去。设计的目的大多是要让产品为人所用，因此，用户的需求应当贯穿在整个设计过程之中。重点在于研究如何设计出用户看得懂、知道怎样使用的产品。之所以强调这个方面是因为它被忽视了很长一段时间，现在理当恢复它在设计中的重要地位。但这并不是说产品的易用性凌驾在其他因素之上，所有伟大的设计都是在艺术美、可靠性、安全性、易用性、成本和功能之间寻求平衡与和谐。没有必要因追求产品的易用性而牺牲艺术美，反之亦然。同样，也没有必要为了产品的易用性而不顾及成本、功能、生产时间或销售等因素。设计师完全有可能生产出既具创造性又好用，既具美感又运转良好的产品——艺术美在人类的生活中不可或缺。优秀的设计会把所有因素融为一体，使产品兼具艺术美和独创性，同时又很实用、有趣。

5.1.5 生活中的设计问题

那些让用户迷惑的物品（例如下图 5-1 中的卡洛曼咖啡壶）——看起来无法打开的塑料包装袋，容易把人卡在里面出不来的门，越来越复杂的洗衣机和烘干机，以及那种融立体声音响、电视机和录像机于一体，在广告中鼓吹功能齐全但却几乎无法使用的设备，都给我们带来了无数烦恼。我们为什么还要忍受这些物品？

图 5-1 卡洛曼咖啡壶

在法国艺术家雅克·卡洛曼编写的名为《无法找到的物品》系列书中，可以看到一些非常有趣的日用品。这些日用品设计得很古怪，根本无法使用。

人的大脑是一个设计精妙，用于理解外部世界的器官。只需要提供一丝线索，大脑便会立即开始工作，对外部世界进行解释和理解。想想日常生活中的那些物品——书籍、收音机、厨房用具、办公设备和电灯开关。设计优秀的物品容易被人理解，因为它们给用户提供了操作方法上的线索；设计拙劣的物品使用起来则很难，往往让用户很沮丧，因为它们不具备任何操作上的线索，或是给用户提供了一些错误的线索，使用户陷入困惑，妨碍了正常的解释和理解过程。而那些糟糕的设计现在比比皆是，使这个世界充斥着让人烦恼，无法理解或是导致出错的物品。

而我们要做的就是试图改变这种状况。

以门为例。大家在使用门时，无外乎两种动作：开或关。假设你走在办公楼内的走廊上，然后在一扇门前停了下来，应该从哪个方向开这扇门？是推还是拉？从左边还是从右边？也许这是一个滑动推拉门，如果真是这样，应该往哪个方向滑动？之前曾见过往上方开的门，令人颇感惊讶。使用门时，我们只会遇到两个基本问题：门应朝哪个方向开，用户应该往哪一边用力。这些问题的答案应该在门的设计上找到，而无须用文字或符号加以说明，更不应该让用户在经过反复的试验和出错后再找到答案。

一位朋友讲述了他被困在欧洲某城市一家邮局的门道里的情景。邮局的入口很气派，六扇双开式弹簧玻璃门排成一排，紧接着还有一排同种样式的门。这是一种标准设计，目的是为了减少空气的流通，从而保持楼内的温度衡定。

双开式弹簧门有两边，一边有固定旋轴和铰链，另一边可以自由开关。开门时，你必须推可以自由开关的那一边，如果推有铰链的那一边，门就不可能被打开。在上述情况中，设计人员只注意到了门的美观，而未注意门的实用性。结果是，用户在使用这些门时，看不到旋轴，也看不到铰链。一个普通的用户怎么可能知道从哪一边推门？当那位朋友在精力分散时，走到了有固定旋轴的那一边，他用力推有铰链的那一侧，难怪那扇门纹丝不动。不过这些门却相当漂亮雅致，可能还荣获过设计奖呢。

以上例子说明了设计中的一项重要原则：可视性。正确的操作部位必须显而易见，而且还要向用户传达出正确的信息。在设计那些用力推才能打开的门（例如下图 5-2 中的双开式弹簧玻璃门）时，设计人员必须让用户一看见门，就知道该往哪个部位推。在应该推的那一侧贴上一个垂直金属板，或将固定旋轴显露出来——这并不影响门的美观。垂直金属板和固定旋轴属于自然信号，可以被用户直接感知到。我们把这种对自然信号的使用称做自然设计。

图 5-2 双开式弹簧玻璃门

与文中所提到的欧洲某邮局的门有类似的问题。当那些刚刚使用过这些门的人"应该推门的哪一侧"时，他们中的大多数人都不能提供一个准确的答案。但在观察时却发现，只有极少数人在开门时遇到困难，原因在于，门上的横把不在正中央，而是偏向应该往里推的那一侧，从而给用户提供了操作方法上的暗示。这种设计的确起到了作用，但仍未完全达到预定效果，因为在第一次看到这些门时，并非所有的人都知道正确的使用方法。可视性问题有多种表现形式，可视性问题的其他表现形式是关于用户操作意图和可能的操作方法之间的匹配。

我们在使用日常物品时，因果关系心理也在起作用。一种状况紧接在一个动作后发生，人们就会认为这个动作是造成这一状况的原因。例如，动了一下计算机键盘，计算机就出现了故障，你会很容易认为是自己把计算机搞坏了，尽管这两件事不过是巧合而已。对因果关系的错误推导是众多迷思产生的根本原因，人们使用电脑或家用电器时的一些奇怪行为，大多是由一些错误巧合引起的。当一个动作没有产生明显的效果，你会下结论说这个动作没有起到作用，于是进行重复操作，希望能够有效果出现。早期的计算机文字处理器不能快速显示操作结果，使用户只好重复键入指令，造成很多麻烦。因此，正是设计上的问题导致人们形成了错误的因果观念。

日用品的数量惊人，可能高达两万种。真的有这么多吗？不妨看看周围：电灯插口、灯泡、电源插头、插线板、螺丝钉、时钟、手表、表带等等。人们穿的衣服面料各异，也有着各自不同的风格，还有各式各样用来扣紧衣服的小部件：纽扣、拉链、按扣和系带。再看看家具和厨房用具，也各有不同的外观和用途。书桌上也有不少东西：曲别针、剪刀、纸张、杂志、书和书签。每件物品都很简单，但却有着不同的操作方法、设计风格和专门用途，需要学习才能正确地使用。再者，大多数的物品都是由许多部件构成的。一个订书机有 16 个部件，家用电熨斗有 15 个部件，简单的淋浴装置有 23 个部件，很难相信这些简单的物品有这么多部件吧？下面列举水池的 11 个部件：排水口、排水口周围的凸缘、水塞、水盆、肥皂盒、溢水出口、喷水口、水塞下的小铁杆、固定装置、热水开关和冷水开关。若把水龙头、固定装置和水塞下附着的小铁杆拆开，构成水池的部件数目还会增加。不论确切的数目是多少，如此多的物品无疑会使人们的日常生活复杂化。假设一个人只需花一分钟来学习使用一件日用品，那么学习使用两万件物品则要花去两万分钟，即 333 个小时（相当于一个人一周工作 40 个小时，总共工作 8 周）。当人们正忙着做一件事时，一些新的物品还会突然出现在眼前，令大家迷惑和分心，那些原本简单的日用品却干扰了人们手头的重要工作。人们如何应对这种情况？在人类思维和认知心理学领域里可以找到一部分答案；另一部分答案可以从物品的外观获得；其余的答案则来自于产品的设计，即设计人员把操作方法明朗化，并利用人们已知的其他物品。

以下便会谈到设计中的一个关键环节——设计者把对人的理解和对物品功能的理解联系起来。

概念模式

图5-3中的自行车看起来相当奇怪，可以看出这是一辆无法使用的自行车，因为在人们的头脑中已形成了对这种物品的概念模式。自行车的各个部件都呈现在眼前，对它们的功能也很清楚，因此能够模拟其操作过程。

图5-3 卡洛曼双人自行车 – 情侣车

物品的表面结构，尤其是物品的预设用途、限制条件和匹配，可以帮助人们了解该物品的使用方法。以剪刀为例，即使你以前从未见过或使用过剪刀，你一看也能看出它的用途。剪刀柄上的圆环显然是要让人放东西进去，而唯一合乎逻辑的动作就是把手指放进去。圆环的大小决定了使用上的限制：圆环大，则可以放进数根手指；圆环小，则只能放进一根手指。同时，剪刀的功能不会受到手指位置的影响：放错了手指，照样可以使用剪刀。你清楚剪刀的使用方法，是因为剪刀的各个部分显而易见，功能也很清楚。剪刀的设计突出了概念模式，并有效利用了预设用途和限制条件。

设计的基本原则：提供一个好的概念模式。

一个好的概念模式使人们能够预测操作行为的效果。如果没有一个好的概念模式，人们在操作时就只能盲目地死记硬背，照别人说的去做，无法真正明白这样做的原因，这样做的结果，以及万一出了差错应该怎样处理。当一切运转正常时，还能应付；一旦发生故障或是遇到新情况，就需要对物品有进一步的了解。也就是说，设计需要一个好的概念模式。

5.2 设计心理学案例分析

案例一：

色彩运用给人视觉和心理上造成的影响 – 在室内设计中的运用

色彩在室内设计中起着改变或者创造某种格调的作用，会给人带来某种视觉上的差异和艺术上的享受。人进入某个空间最初几秒钟内得到的印象百分之七十五是对色彩的感觉，然后才会去理解形体。所以，色彩对人们产生的第一印象是室内装饰设计不能忽视的重要因素。色彩具有唤起人的第一视觉的作用，具有打动人的力量。色彩给予人类生理、心理等方面极大的影响。色彩能引起人们的联想和感情，直接关系到环境气氛的创造。现在色彩环境创造的手法极为丰富。不同室内环境设计常采用不同的手法，其目的是为了创造出特定的环境气氛，如在缺少阳光的阴暗的空间中，采用暖色调以增强亲切的温度感；在光线充足的空间中则多施以浅灰色调以降低明度；在人们逗留时间短的共享空间中使用高明度、高彩度的色彩以增强热烈的气氛；在客房、办公室空间则采用调和色、灰色以取得安定柔和、宁静的气氛；在高大空间中则以丰富的色彩层次，扩大视觉空间并加强空间的稳定感。

像红色、橙色和黄色这样的暖色，可以使物体看起来比实际大。而蓝色、蓝绿色等冷色系颜色，则可以使物体看起来比实际小。物体看上去的大小，不仅与其颜色的色相有关，明度也是一个重要因素。红色系中像粉红色这种明度高的颜色为膨胀色，可以将物体放大。而冷色系中明度较低的颜色为收缩色，可以将物体缩小。像藏青色这种明度低的颜色就是收缩色，因而藏青色的物体看起来就比实际小一些。明度为零的黑色更是收缩色的代表。

图 5-4 浴室

这个浴室的整体色调就是使用了一个冷色调的靛青色，对狭小的浴室空间产生了一个放大的效果。在室内装修中，只要使用好膨胀色与收缩色，就可以使房间显得宽敞明亮。比如，粉红色等暖色的沙发看起来很占空间，使房间显得狭窄、有压迫感。而黑色的沙发看上去要小一些，让人感觉剩余的空间较大。

图5-5 室内装修效果图

色彩是最环保的空调，如能熟练掌握暖色与冷色的使用方法，就可以很好地通过改变颜色来调节人的心理温度，减少空调的使用，从而节省能源、保护环境。

夏天，使用白色或浅蓝色的窗帘，会让人感觉室内比较凉爽。如果再配上冷色的室内装潢，就可以起到更好的效果。到了冬天，换成暖色的窗帘，用暖色的布做桌布，沙发套也换成暖色的，则可以使屋内感觉很温暖。暖色制造暖意比冷色制造凉意的效果更显著。因此，怕冷的人最好将房间装修成暖色。有实验表明，暖色与冷色可以使人对房间的心理温度相差2~3℃。有些餐厅和工厂的装修为冷色调，结果到了秋冬季就会收到顾客或员工的抱怨，而把色调改为暖色之后，这种抱怨就大大减少了。由此可见，色彩可以起到调节温度的作用，虽然只是人的心理温度，但至少可以让人感觉舒适，不仅能减少空调的使用，从而节省能源，更能把设计和保护地球环境相结合起来。

案例二：

光影在室内设计中造成的心理影响

现代室内光环境的设计中，光不仅起照明的作用，而且还是界定空间、分割空间、改变室内空间氛围的重要手段，同时光还表现一定的装饰内容、空间格调和文化内涵，趋向于实用性及文化性的有机结合，成为现代装饰环境的一个重要因素。

图 5-6 现代室内装饰图

此处天顶的灯具，接近自然光线。用暖黄色的台灯突出了家具的精致与美丽。光和影能给静止的空间增加动感，给无机的墙面以色彩，能赋予材料的质感更动人的表情。由于光的功能是多元化的，现代室内光环境的设计内容在深度和广度上表现出多层次、多方面的特性，通过各种设计手段创造某种环境气氛、制造某种情调、实现特定的构思，完成有意境的环境设计，满足人的心理需求。

灯光与环境的结合设计限定出不同的功能空间，区分了会谈区与公共区；在简洁的居室空间中利用光线来突出陈设品的精致与美丽，充分运用"图底关系"

来强调画面，重点突出一个个的展品；通过光线的合理运用，改变了环境的固有色给人视觉带来的单调性，划分并营造出一个优雅的环境氛围，使人对空间产生无限的遐想。

案例三：

色彩的视觉吸引力

设计作品必须在短暂的时间中吸引观者的视觉注意力，虽然人类的视野很宽，但视力范围却很窄。而视觉经验则建立在无数次眼球运动上，以每秒四至五次的转动速率改变视觉焦点。虽然在视野中，我们或多或少可感觉到色彩，但仅在凝视区的中央，我们才会清楚看见一个字或一个符号。

就结果而言，色彩的效果也是显而易见的。实验显示，在一大型展示中，首先映入眼中的是色彩，其次是图案的运用，或者是混合使用，色彩能立即吸引观者的注意，且较图形、文字、型态更具功效，且有效距离更远。

　　无论是包装、DM 或是海报、杂志设计，展示中色彩永远是第一个捕捉住我们的眼光。通常，彩色影像较黑白或灰阶影象更吸引人的注目，约高 40% 左右。在翻阅书籍时，我们往往会被颜色吸引进而阅读内容。因此，当设计者的首要目的是吸引观者的眼光时，似乎以最强烈的对比和最鲜明的色彩来设计是天经地义的事，但实际上并非如此；强烈对比的色彩搭配，如黄配蓝紫、红配蓝、绿配红紫，反而会抵消彼此视觉上的吸引力，而令人产生不快。因此在设计中，亮色与暗色所造成的强烈对比往往应用在一些强调视觉注意或明了的字语上，如道路交通标志等。

　　在白天，视觉对黄色光线最为敏感，这也是为何彩虹中黄色特别明亮的原因。因此黄黑的组合会造成最佳视觉效果。此外几种颜色的组合亦可造成显而易见的效果；如蓝底白字，绿底白字，橘底黑字，黄底黑字，白底黑字，红底白字，黄底红字，白底绿字或淡淡的暗红字等。

图 5-7 色彩对比

　　对比色色彩组合会眼睛对色彩的辨视，通常有所变异，像在一段距离外，这时黄色看来却似白色，橘色则成红色，绿则偏蓝，蓝却成黑。若字小、间距又窄的话，在阅读距离 33 公分内，同样的色彩构图会造成注意力涣散，或字体闪烁的现象。

图 5-8 色彩搭配效果

在处理块状方案时，最易阅读的色彩组合为白底黑字，其次为黄底黑字、黑底黄字、白底绿字，及白底红字。相反地，最不易读的颜色组合为蓝底红字、蓝底橙字，及橙底绿、黄字；由于色调接近，常让人头昏眼花。

案例四：

色彩能引起人持续看的兴趣

假如成功的吸引了观者瞬息万变的眼光，设计者接下来要做的则是让企业维持观者的兴趣，以传安邦定国相关的资讯，仅就色彩而言，色彩造成了有趣的视觉效果；同样的字与图案，彩色的往往比黑白的更引人注目。

据估计，超级市场中的货品必须在二十五分之一秒内获得顾客的青睐，黑白广告必须在三分之二秒内完成此项工作，而彩色广告则通常可维持注意力二秒钟。在如此短的时间内要传达讯息，单纯的色彩和简单的文字就成了设计时的不二法门。

虽然大小、字体显著程度和设计成品所在位置也影响吸引力的高低，但调查显示，彩色广告远比非彩色广告更令人注目。以 DM 为例，文案以彩色展示，可较非彩色版本多出 50% 的吸收率。一段距离外看设计品，设计品必须能吸引客户的注意力，且单纯清晰、易于明了。更进一步，设计必须能让视觉以最舒适的方式扫描。当设计太普通，可能观者很快便失去了观看的兴趣，而无法传递完整的资讯。

当设计图案，或是任何有关色彩的作品，设计者必须仔细考虑色彩的搭配是否恰当，以有效激起顾客的好奇心。当我们的眼光被黄底红字或黄底黑字的麦片包装盒吸引时，我们通常也希望香水礼盒更精美，更让人难以抗拒。为了鼓励顾客阅读设计的内容，而非走马观看，设计者必须考虑何处为观者的第一着眼点，何处为第二、第三……。当设计元素中含有一些无法传达讯息的元素，如壁纸效应这类同等重要且常被使用的设计元素，那么具有引导性质的元素，如图案之类的设计就不可省略，以平衡构图的效果，且建立层级式的视觉流程，有助维持观者注意力和清楚传达讯息。换言之，眼睛可用循序渐进的方式探索整件设计品。

图 5-9 彩色报纸

案例五：

联想的互动关系

色彩能增加空间的立体感，因为在暖色调中，如红色橙色是突出向前的，冷色调中，如蓝色、紫色则有阴暗向后退缩的效果。可以改变色彩的明暗度及浓度来创造效果变化，灰色属于暗色调，黄色是高明度，紫色则是明度最低，红色和绿色为中等，大范围色彩有较大的视觉强调，这点必须格外注意，尤其是在版面设计运用色彩的时候，因为大部分的字体面积比较小，所以除非使用特大粗体字，否则色彩浓度必须较淡。但是，可以采用比实际要稍浓的色调作为补偿。色彩很少是单出现的，因此要了解色彩彼此之间的互动关系，最好的方法就是不断的尝试。因此色彩可引发与实际视觉无关的联想。如何使用一定的色彩组合使设计者、委托公司、顾客、观者，都产生一定的反应？这是设计的一大要目。就整体而言，形状、大小、形式、材料也影响着最后的效果。而这一切，均靠设计者对时代潮流的认知和其个人的直觉所决定。

虽然广告设计总是宣扬产品好的一面，但色彩却无可避免地有其正反两面的联想。以红色为例，一方面它代表朝气、活力、冒险上进，但另一方面它也是侵略、残忍、骚动、不守信的象征。黄色也是如此，一方面它代表阳光、喜悦、光彩、乐观，另一方面，它也代表嫉妒、懦弱、欺骗。绿色是象征和平、平衡、和谐、诚实、富足、肥沃、再生和成长；深绿色则象征传统、依赖、安心。反面意义是贪婪、猜忌、厌恶、毒药、腐蚀。蓝色的正面意义有效率、进取、秩序、忠诚之意，反之则有压抑、疏远、寒冷、无情之意。

色彩在一刹那间抓住了人们的注意时，它也必须成功地传递相关的内容或相关的影像。视觉符合与人类各种不同的经验有强烈的关联性。众所周知，在所有的视觉要素中，就艺术和设计而言，色彩最能影响情绪。的确，对大部分视觉反应来说，人们主观的反应建立在一种共识上。

色彩使用，通常受到当代喜好、市场调查报告、专家意见的左右。而变化快速的色彩流行通常反映出当时的精神和社会关注的焦点，如健康与环保。虽然无法证实，但消费大众喜欢求新求变却是个不争的事实，所以新奇的颜色组合永远可让人多看两眼。

图 5-10 色彩效果对比

事实上，色彩的确能吸引注意力，而且某些色彩组合特别能使人眼光停留其上。据推测，不同色彩组合在传达讯息时有不同的成效，而在不同的时空中，某系列的色彩在结合本身与设计的印象时，也会产生较持久的效果。

换言之，某种色彩组合虽然视觉效果佳，容易阅读，也引人注目，但并不保证它就能和产品或品牌合二为一。没有任何规律可供人们将色彩与特别的情感状态或理智状态结合在一起。设计者多凭直觉使用色彩来吸引受众，而非学识，这也就是为何创造性的设计中，艺术成份多于科学成份的原因。

人们往往会被颜色吸引而阅读内容，因此在设计中，亮色与暗色所造成的强烈对比往往应用在一些强迫视觉注意的字语上。

图 5-11 不同底色的设计图效果对比

色彩的效果也是显而易见的，在展示中首先映入视觉的是色彩，其次是图案的运用，或者是混合使用，色彩能立即吸引注意，且较图形、文字、型态更具功效，且有效距离更远。

案例六：

现代安全火炉

试想一下，在家中，当人们感到冷飕飕的时候会怎么办，第一反映肯定是会想到怎么样取暖。在西方也是，不过使用的是壁炉。但在我们中国家庭当中这种取暖的东西却很少见，因为壁炉不仅耗材大价位高昂，而且不环保，使用不当容易导致危险事故的发生。

图 5-12 现代安全火炉

但是这个现代安全火炉的设计可以唤回你的原始渴望，在家安全又放心的烤火。这个陶瓷的火炉配合微粒和木材燃烧。不过它的内部构造不是简单的直接释放热量和令人困扰的烟雾，而是经过现代化的处理，转化为热能安全无毒无刺激的释放出来。亲切的外观可以轻易唤起烤火的独特情愫。这种功能性的产品真实地反映了经济时代人们的内心基于情感渴望和情感认同的消费需求特征。

案例七：

星巴克（STARBUCKS）设计心理学分析

星巴克（starbucks）是美国一家连锁咖啡公司，成立于 1971 年，总部坐落在美国华盛顿州西雅图市，是全球唯一一个把店面开遍四大洲的世界性咖啡品牌。目前，星巴克在全世界 39 个国家，拥有超过 13000 家门店，145000 名员工。在中国（包括港、澳、台地区）开设了进 500 家门店。星巴克一直致力于向顾客提供最优质的咖啡和服务，营造独特的"星巴克体验"，让全球各地的星巴克店成为人们除了工作场所和生活居所之外温馨舒适的"第三生活空间"。正如星巴克总裁霍华德·舒尔茨所说，"星巴克出售的不是咖啡，而是对于咖啡的体验"，感性和顾客体验是星巴克品牌资产的核心诉求。在星巴克，透过巨大的玻璃窗，看着人潮汹涌的街头，轻轻啜饮一口香浓的咖啡，这一切都非常符合"雅皮"的感觉体验。JesperKunder 在 CorporateReliogion 中指出："星巴克的成功在于，在消费者需求的中心由产品转向服务，在由服务转向体验的时代，星巴克成功地创立了一种以创造"星巴克体验"为特点的"宗教咖啡"。星巴克的产品不单是咖啡，咖啡只是一种载体。而正是通过咖啡这种载体，星巴克把一种独特的格调传送给顾客。咖啡的消费很大程度上是一种感性的文化层次上的消费，文化的沟通需要的就是咖啡店所营造的环境文化能够感染顾客，并形成良好的互动体验。星巴克的情感诉求从本能层面扩展到行为和反思层面，在满足消费者情感需要的同时，也成为了消费者个性和群体的标签。星巴克有着明确地目标市场地位：不是普通的大众，而是一群注重享受、休闲，崇尚知识、尊重人本位的富有小资情调的"城市白领阶层"。这些顾客大部分是高级知识分子，爱好精品、美食和艺术，而且是收入较高、忠诚度极高的消费阶层。针对目标人群的特点，星巴克的价格定位是"多数人承担得起的奢饰品"。正是星巴克的这种市场地位，为星巴克赢得了自己的品牌市场。

图 5-13 星巴克咖啡

案例八：

苏州博物馆新馆设计心理学分析

　　苏州博物馆新馆由著名国际建筑大师贝聿铭先生设计，建筑总面积 15391 平方米，和忠王府古建筑交相辉映。贝聿铭先生认为："既要有传统的东西，又要有创新。传统的东西就是要运用传统的元素，让人感到很协调、很舒服，创新的东西要运用新理念、新的方法，让人感到好看，有吸引力。""这是人生最重要的挑战。"为充分尊重所在街区的历史风貌，新馆采用地下一层，地面也是以一层为主，主体建筑檐口高度控制在 6 米之内；"修旧如旧"的忠王府古建筑作为苏州博物馆新馆的一个组成部分，与新馆建筑珠联璧合，中央大厅和西部展厅安排了局部二层，高度 16 米。苏州博物馆新馆将成为一座集现代化馆舍建筑、古建筑与创新山水园林三位于一体的综合性博物馆。博物馆新馆的设计结合了传统的苏州建筑风格，博物馆位于院落之间，使建筑物与其周围环境相协调。博物馆的主庭院等于是北面拙政园建筑风格的延伸。为追求更好的统一色彩和纹理，贝聿铭把古苏州千篇一律的灰色小青瓦坡顶和窗框改成灰色的花岗岩，以追求更好的统一色彩和纹理。博物馆屋顶设计的灵感来源于苏州传统的坡顶景观——飞檐翘角与细致入微的建筑细部。然而，新的屋顶已被重新诠释，并演变成一种新的几何效果。玻璃屋顶与石屋顶相互映衬，使自然光进入活动区域和博物馆的展区，为参观者提供导向并让参观者感到心旷神怡。玻璃屋顶和石屋顶的构造系统也源于传统的屋面系统，过去的木梁和木椽构架系统被现代的开放式钢结构和涂料组成的顶棚系统所取代。任何一种新的艺术形式都是建立在传统文化的思想情感与风格之上。苏州博物馆新馆创新地将苏州的传统文化通过简明、便捷、出神入化的建筑语言来表达，延续了姑苏的文脉气息，强烈地体现出传统文化与现代设计的交融，很好地从反思层面满足了现代人内心对传统文化的渴望。

图 5-14 苏州博物馆新馆

参考文献

[1] 杨继全, 郑梅, 等 .3D 打印技术导论 . 南京师范大学出版社 ,2016.

[2] 孙水发, 李娜, 等 .3D 打印逆向建模技术及应用 . 南京师范大学出版社 ,2016.

[3] 陈玲, 杨继全 .3D 打印模型设计及应用 . 南京师范大学出版社 ,2016.

[4] 冯春梅, 杨继全, 等 .3D 打印成型工艺及技术 . 南京师范大学出版社 ,2016.

[5] 张俊, 司玲, 等 .3D 打印成型材料 . 南京师范大学出版社 ,2016.

[6] 陈鹏 .3D 打印技术实用教程 . 电子工业出版社 ,2016.

[7] DonaldArthurNorman.TheDesignofEverydayThings.MitPress,2013.